Chris Brügger
Michael Hartschen
Jiri Scherer

simplicity.

Starke Strategien für einfache Produkte, Dienstleistungen und Prozesse

GABAL

Endlich Wochenende! Die zwei freien Tage kommen wie gerufen, denn die letzte Arbeitswoche hat Sie ganz schön geschlaucht. Immer wieder haben Sie sich an veralteten Betriebsabläufen, ineffizienten Arbeitsprozessen und der Unfähigkeit zum Delegieren gewisser Führungspersonen aufgerieben.

Doch das ist jetzt alles vergessen. Denn jetzt ist zum Glück das Wochenende da! Und jetzt heißt es zuerst einmal: ausschlafen! Leider geht um 6:30 Uhr der Radiowecker los. Sie haben dummerweise vergessen, die Alarmfunktion auszuschalten. Im Halbschlaf tasten Sie nach dem Wecker und versuchen ihn auszuschalten. Doch Sie finden die richtige Taste nicht. Wahlweise schalten Sie den Bass-Subwoofer ein, lassen sich die Zimmertemperatur in Fahrenheit anzeigen oder die Uhrzeit in ultrastylishen Digitalziffern an die Zimmerdecke projizieren. Ihr Radiowecker kann so vieles. Bloß auf Knopfdruck abschalten lässt er sich nicht.

An Schlaf ist jetzt nicht mehr zu denken. Um in die Gänge zu kommen, brauchen Sie jetzt dringend einen Kaffee. Das supermoderne berührungssensitive Dialogfeld Ihrer Kaffeemaschine fragt Sie, ob Sie einen doppelten Ristretto, einen Cortado oder vielleicht doch lieber einen Garoto wollen. Sie wollen nichts von alledem. Sie wollen einfach nur einen Kaffee!

Nachdem Sie sich vor dem Rasieren zehn Minuten lang nicht entscheiden können, ob Sie beim «Triple Action Free Float System» Ihres neuen Elektrorasierers die Option des integrierten «Shaving Conditioners» aktiveren sollen oder nicht, entschließen Sie sich, den Schwung des noch jungen Morgens zu nutzen, um endlich den neuen W-Lan-Router mit Ihrem PC zu verbinden. Gemäß Bedienungsanleitung geht das ganz einfach. Sie müssen lediglich beachten, «dass am Speedport W 700V eine individuelle SSID und die Verschlüsselung WPA/WPA2 mit Preshared Key voreingestellt sind». Die Bedienungsanleitung gibt Ihnen deshalb die Order, kurz zu prüfen, ober der eigene W-Lan-Adapter eine

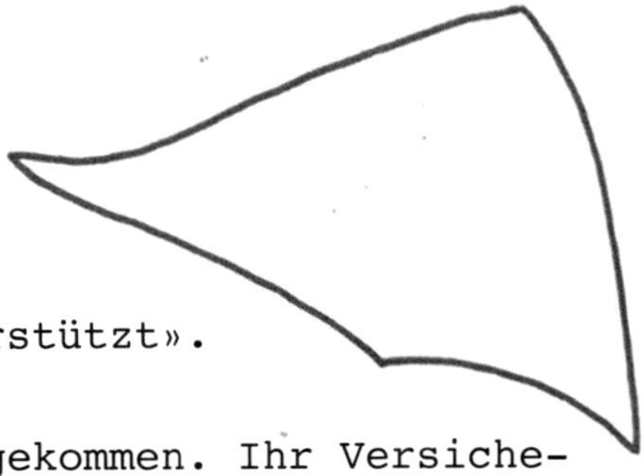

«WPA2-Verschlüsselung unterstützt».
Ernüchtert geben Sie auf.
Mittlerweile ist die Post gekommen. Ihr Versicherungsberater will Sie über die Vor- und Nachteile verschiedener Lebensversicherungsmodelle informieren. Er schreibt Ihnen, dass Sie die Wahl haben zwischen «statischen Zwei-Topf-Hybriden und dynamischen Drei-Topf-Hybriden, die mit endfälligen Garantiekonzepten auf Basis von Finanzderivaten und mit Absicherungen durch Rückversicherungsverträge miteinander wettstreiten». Um über den tieferen Sinn dieser kryptischen Botschaft nachzudenken, fehlt Ihnen jetzt leider die Zeit. Denn Sie sind zum Mittagessen in der Stadt verabredet. Da die Parkplatzsituation in der City samstags immer ein wenig angespannt ist, wollen Sie rechtzeitig los.
Als Sie losfahren,
fängt der

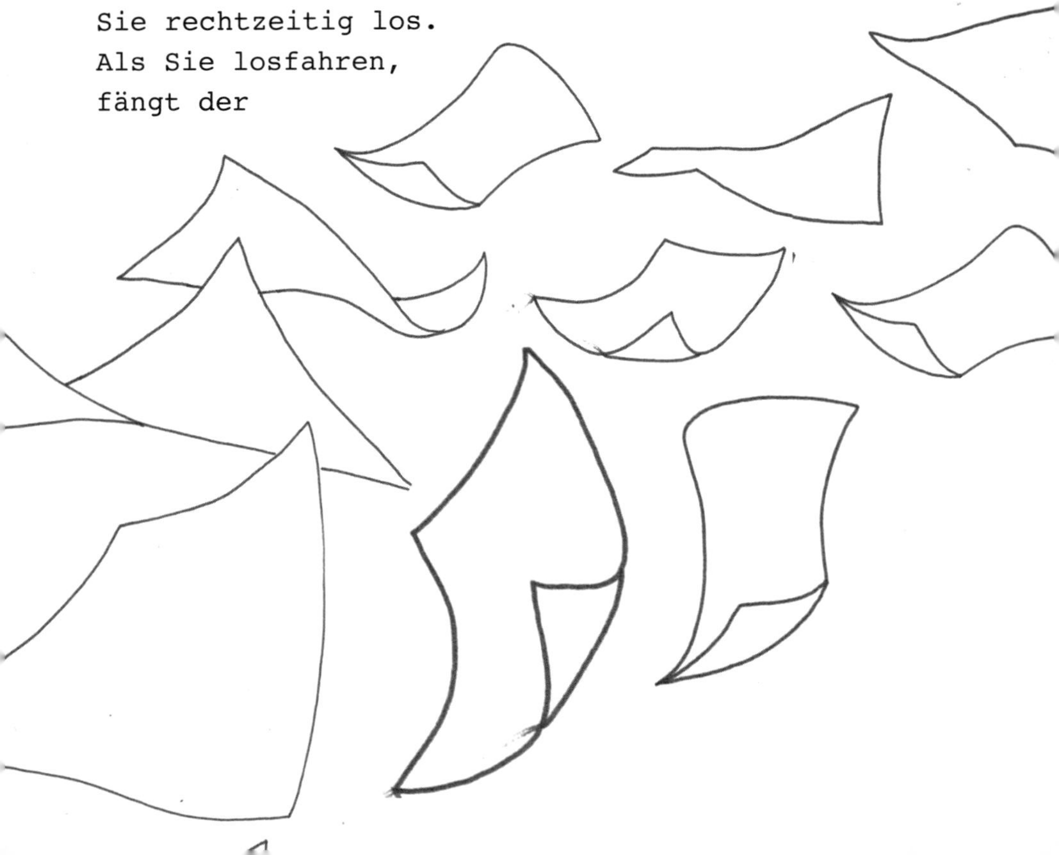

Gurtwarner Ihres voll automatisierten Autos an zu piepen, obwohl Sie angeschnallt sind. Er hält die Flasche Mineralwasser auf dem Beifahrersitz für einen Mitfahrer. In der City angekommen haben Sie Glück und finden einen Parkplatz. Das Bezahlen der richtigen Parkgebühr bereitet Ihnen jedoch Kopfzerbrechen. Zur Mindestgebühr für die erste angelaufene Viertelstunde muss für alle drei (!) weiteren Minuten ein bestimmter Betrag dazugerechnet werden. Hätten Sie sich doch in jungen Jahren bei Ihrer Studienwahl für ein Mathematikstudium entschieden – dann würde es Ihnen jetzt leichterfallen, auszurechnen, was zwei Stunden parken kosten!

Die Speisekarte im total angesagten chinesischen Restaurant ist dick wie ein Telefonbuch. Verzweifelt versuchen Sie in Erinnerung zu behalten, was sich schon wieder hinter den Speisen Nr. 23, 68, 94 und 116 verbirgt, die Sie für sich provisorisch in die engere Auswahl genommen haben. Schließlich bestellen Sie in einer Art panischer Übersprunghandlung die Nr. 55. Sofort beschleicht Sie die deprimierende Gewissheit, die falsche Wahl getroffen zu haben.

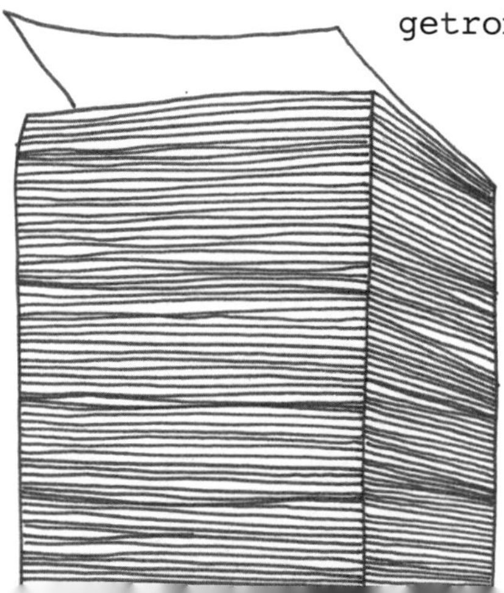

Als Sie bezahlen wollen, stellen Sie erschrocken fest, dass Ihre Kreditkarte nicht mehr in Ihrem Portemonnaie steckt. Um Schlimmeres zu verhindern, wollen Sie die Karte sofort sperren lassen. Das stellt sich jedoch als komplizierter heraus als gedacht. Denn sowohl die Notfallnummer, die es in einem solchen Fall anzurufen gilt, als auch die Kreditkartennummer, die Sie zum Sperren der Karte angeben müssen, stehen auf der Kreditkarte, die Sie ja nun bedauerlicherweise nicht mehr zur Hand haben. Nach einer etwas mühsamen Internetrecherche mittels Smartphone finden Sie eine Hotline-Nummer Ihres Kreditkarteninstituts. Nachdem Sie sich geduldig durch sieben Menüpunkte geklickt und drei Authentifizierungsfragen zufriedenstellend beantwortet haben, stellt die Mitarbeiterin am anderen Ende der Leitung fest, dass Sie in der falschen Abteilung gelandet sind. Beim Versuch, Sie manuell an die richtige Abteilung weiterzuverbinden, fliegen Sie aus der Leitung. Es braucht zwei weitere Anläufe, bis Sie die Karte endlich sperren können.

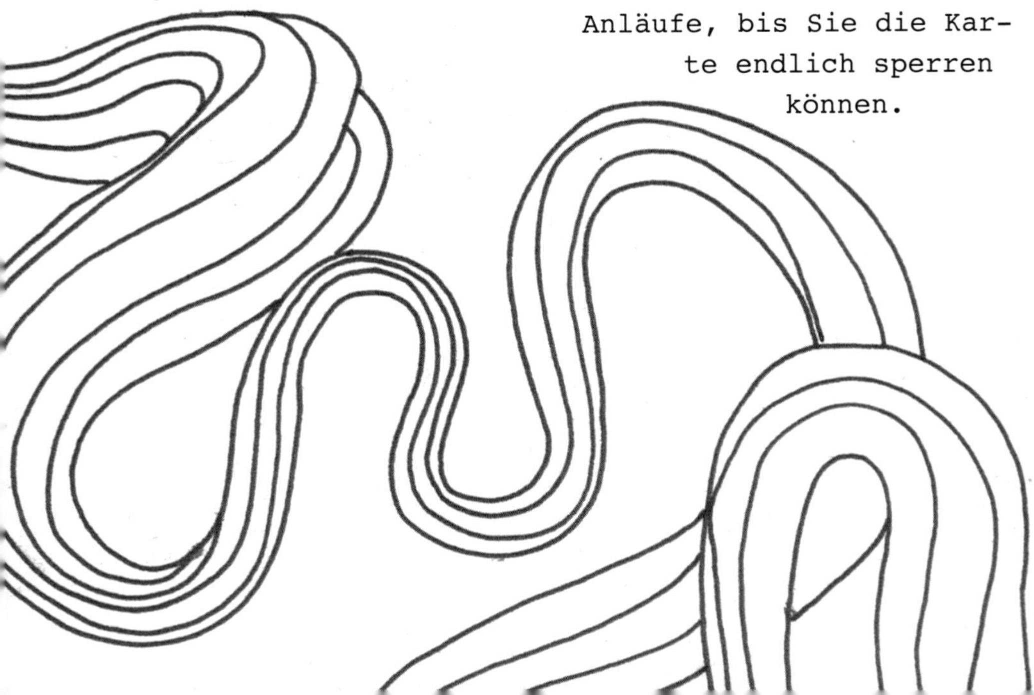

Nach dem Schrecken mit der Kreditkarte brauchen Sie jetzt dringend etwas Süßes. Beim Anblick der unvorstellbar großen Schokoladenauswahl in der berühmten Feinkostabteilung des stadtgrößten Kaufhauses erleiden Sie fast einen Zuckerschock. «85 % Edelbitter intensiv mit Mango-Lassi-Füllung», «Weiße Schokolade mit gefriergetrocknetem Spargel», «Halbherbe Lavendel-Schokolade à la pointe de sel» und hundert andere Sorten buhlen um Ihre Gunst – bloß die ganz normale Milchschokolade, die Sie so gern haben, können Sie nicht finden. Nachdem Sie sich für eine dunkle Schokolade mit Chili und Orangen entschieden haben, von der Sie insgeheim bereits wissen, dass Ihnen die leicht gekünstelte Rezeptur nicht so recht schmecken wird, treibt Sie Ihr vorauseilendes schlechtes Gewissen in die Zahnhygiene-Abteilung. Wer Schokolade isst, soll sich auch gründlich die Zähne putzen! Bloß mit welcher Zahnpasta? Bei der Auswahl zwischen «MultiCare Dental White», «Total Pro-Interdental Sensation Fresh» und «Expert Protection Ultra Complete» vergeht Ihnen das Lachen. Schweißgebadet flüchten Sie aus dem Kaufhaus.

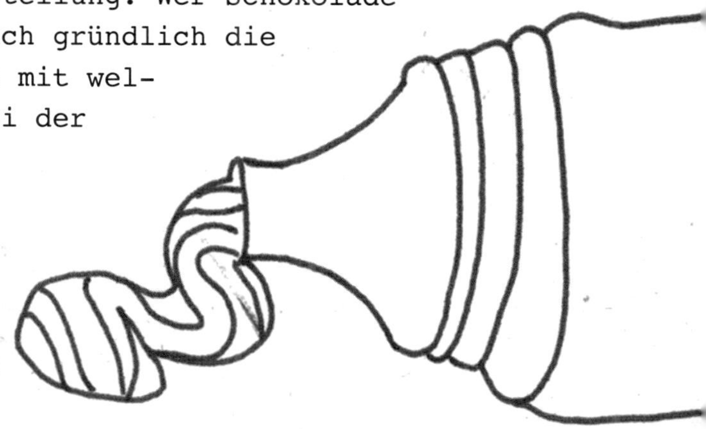

Auf dem Nachhauseweg beschließen Sie, noch schnell bei Ihrem zweijährigen Patenkind vorbeizuschauen. Das Wetter ist schön, warum nicht ein kurzer Nachmittagsspaziergang im Grünen?

Ihre spontane Idee wird mit Begeisterung aufgenommen. Bevor es losgehen kann, muss nur noch schnell das Oberteil des Luxuskinderwagens frisch montiert werden, das man – ist das nicht unglaublich praktisch?! – auch als Tasche tragen kann. Einziges Problem: Die Montage gelingt Ihnen nicht. Obwohl die Gebrauchsanweisung schwört, dass das ganz einfach geht. Sie müssen bloß «den Tragebügel zwischen Fußstützenverlängerung und Schutzbügelverstellung nach hinten klappen. Dann ziehen Sie die beiden Kunststoffösen innen im Wagen einfach nach oben und rasten die seitlichen Aluminiumstreben in die Kunststoffhalter am Boden. Zum Öffnen klappen Sie den Tragebügel nach oben, bis er einrastet, und drücken nur den Boden der Tragetasche nach unten.»

Aus dem Spaziergang wird nichts. Aber da Sie nun schon mal hier sind, können Sie der Mutter Ihres Patenkinds auch noch schnell helfen, den neuen Fernseher zu installieren. Der Entscheidungsprozess beim Kauf, so teilt Ihnen Ihre Bekannte mit, war eine wahre Odyssee. Sie wusste einfach nicht, ob ein TCL H32B3805, Samsung UE88JS9590, Samsung UE40J6250, LG 32LF561V, Grundig 32 VLE 5520 BG, Grundig 32 GFB 6621, SHARP LC-43CFE4142E oder Sharp LC-40CFE4042E der Richtige für Sie ist – dies vor allem deswegen, weil Sie immer wieder vergaß, welches Modell sich hinter welchem Namen verbarg. Nun aber hat sie sich endlich für ein Modell entschieden und mit dem vollautomatischen Installationsassistenten sollte die Inbetriebnahme des Geräts auch ganz einfach gehen. Dummerweise vertun Sie sich in einem Moment kurzer Unachtsamkeit in der Länderauswahl. Sie klicken auf Dänemark statt Deutschland. Kann passieren. Blöd nur:

Jetzt können keine Programme mehr installiert werden. Leider kann die Länderauswahl so leicht nicht korrigiert werden. Dazu muss zuerst der Fernseher auf seine Werkeinstellungen zurückversetzt werden. Wie das geht – so teilt Ihnen die beiliegende Bedienungsanleitung hilfsbereit mit –, steht in einer ausführlicheren Gebrauchsanleitung, die auf der Webseite des Herstellers downgeloaded werden kann.

Als Sie am Abend wieder zu Hause sind, sind Sie komplett erschöpft. Nächstes Wochenende müssen Sie sich dringend von den Strapazen dieses Wochenendes erholen! Sie beschließen, für zwei Tage zu verreisen. Sie öffnen in Ihrem Smartphone Ihre neue Reise-App, mit der Sie kürzlich Ihre 14 bisherigen Reise-Apps ersetzt haben. Die Handhabung der App ist ganz leicht. Keine komplizierten Anleitungen rauben Ihren Verstand – die Nutzerführung erfolgt intuitiv und selbsterklärend. Die Abfrage des Touch-Fahrplans funktioniert auf die denkbar einfachste Art: Sie brauchen lediglich Bilder der gewünschten Destinationen auf dem Touchscreen zu berühren und können gänzlich auf eine Texteingabe verzichten. Die Fahrkarte kaufen Sie anschließend in wenigen Sekunden ganz bequem durch Wischen auf dem Display. Zwei Klicks später ist auch das Hotelzimmer reserviert. Glücklich legen Sie Ihr Smartphone weg und fallen zufrieden in einen tiefen Schlaf.

SIMPLICITY HAT GESIEGT.

Vorwort

Liebe Leserinnen und Leser, Sie halten die komplett überarbeitete Neuauflage unseres Buchs «Simplicity. Starke Strategien für einfache Produkte, Dienstleistungen und Prozesse» in Ihren Händen. Wie Sie sehen, ist das Buch farbiger, übersichtlicher und einladender geworden. Bei einem optischen Facelifting ist es allerdings nicht geblieben. Viele neue Inhalte sind dazugekommen – man merkt es am dickeren Umfang des Buchs.

Die Erstauflage des Buchs erschien 2011. Seither ist Simplicity – verstanden als ein ganzheitliches Gestaltungselement zur Beurteilung der Wirkung von Produkten, Dienstleistungen und Prozessen bei Anwendern und Kunden – als wirtschaftlicher Trend noch wichtiger geworden. Durch die Entwicklungen der letzten Jahre – insbesondere durch die fortschreitende Digitalisierung, welche neue Geschäftsmodelle und mobile Lösungen hervorbrachte – bekam das Konzept der Einfachheit neue Dimensionen. Uns wurde klar: Es ist höchste Zeit für eine Rundumerneuerung des Buchs!

Wie macht man ein Buch über Einfachheit besser? Indem man es selber einem Vereinfachungsprozess unterwirft! So kamen bei der Überarbeitung genau jene Vereinfachungsprinzipien und Strategien zum Einsatz, um die es in diesem Buch im Kern geht: Inhalte wurden weggelassen, ersetzt, hinzugefügt und neu strukturiert. Das Buch ist dadurch nicht nur informativer geworden, sondern, wie wir hoffen, auch unterhaltsamer – auch das ist übrigens eine Strategie für mehr Einfachheit, wie Sie später noch erfahren werden.

In diesem neuen Buch wird der Vereinfachungsprozess detaillierter und anwendungsorientiert dargestellt. Der Fokus liegt noch mehr auf Prozessen, Kommunikation und Kultur. In einem umfangreichen neuen Einleitungsteil geht es vertieft um ganz grundsätzlichen Fragen: Was bedeutet Einfachheit denn überhaupt? Und wie genau zahlt sie sich wirtschaftlich aus? Quer durchs Buch verstreut finden Sie Interviews mit Leuten aus der Wirtschaft, die sich intensiv mit Vereinfachungsprozessen auseinandergesetzt haben und mit ihren interessanten Ansichten eine hilfreiche Brücke von der Theorie zur Praxis bauen.

Die dargestellten Prinzipien und die Strategien wurden aus unterschiedlichen Erkenntnissen abgeleitet und weiterentwickelt. So wurden zum einen aktuelle Trends und Studien analysiert und mit eigenen Erfahrungen reflektiert. Es wurden auch neue Produkte und Dienstleistungen genauer untersucht und hinterfragt, wie diese zum Beispiel unser Leben vereinfachen. Es gibt gleichfalls schon vereinzelte Veröffentlichungen zum Thema Einfachheit. Im Speziellen erwähnen wir hier die Werke von Edward de Bono und John Maeda, aus denen wir gewisse Denkanstöße erhielten, neue Aspekte entwickelten und einen Praxisbezug herstellten. Von de Bono wurden die Begrifflichkeiten «Shift and Delegate», «Provocative Amputation», «Bulk and Exception» und «Modules and Small Units» übernommen und weiterentwickelt.

Schaut man sich die erfolgreichsten Produkte und Anwendungen seit der Jahrtausendwende an, entdeckt man bei den meisten eine Gemeinsamkeit: Ihre Konzepte basieren auf dem Konzept der Einfachheit. Die Simplicity-Werkzeuge helfen dabei nicht nur, die Bedürfnisse der Kunden besser zu verstehen, sondern auch den Prozess hin zur gewinnbringenden Innovation zu beschleunigen.

Nutzen auch Sie die enorme Kraft der Einfachheit. Dieses Buch hilft Ihnen dabei.

Chris Brügger, Dr. Michael Hartschen, Jiri Scherer
Zürich, März 2017

Inhaltsverzeichnis

Seite

Seite

Seite

Einleitung: Simply the best!

Es sind immer

die außergewöhnliche

Leo N. Tolstoi

die einfachsten Ideen,

Erfolge haben.

Machen wir die Welt wieder einfacher

Die Welt wird immer komplizierter! Wer sich kürzlich ein neues Paar Jeans besorgen musste, kann ein Lied davon singen. Früher war der Kauf einer Jeans eine denkbar einfache Angelegenheit. Man ging in den Laden rein und entschied sich für eines der fünf zur Wahl stehenden Modelle. Nach zehn Minuten verließ man mit einer passabel sitzenden neuen Hose den Laden wieder – und war zufrieden.

Heutzutage geht dem Kauf einer neuen Jeans ein hoch komplizierter nachmittagsfüllender Entscheidungsprozess voraus, in dessen mehrstufigem Verlauf man gezwungen wird, sich mit Begriffen wie Bootcut, Acid-Wash, Pocket-Stitching, Shotgun-Denim, Hang-Tag, Button-Fly und Tapered Fit auseinanderzusetzen.

Die riesige Auswahl an verschiedenen Schnittformen, Waschungen, Farben und Looks eröffnet potenziellen Jeanskäufern schier unzählige Kaufoptionen. Sie sorgt aber auch dafür, dass die Erwartungshaltung ans neue Produkt ins Unermessliche steigt. «Passabel sitzen» liegt für eine neue Jeans schon lange nicht mehr drin. Perfekt muss sie sitzen – alles andere wäre angesichts des immensen Angebots eine bittere Enttäuschung. Der Jeanskäufer steht bei seiner Entscheidungsfindung plötzlich unter Druck, auch ja die richtige Wahl zu treffen. Das Einkaufen wird anstrengend – Überforderung und Lähmung stellen sich ein.

▶Der US-amerikanische Psychologe Barry Schwartz spricht in diesem Zusammenhang von

einem «paradox of choice» – von einer Eskalation der Erwartungen bei einem immer größer werdenden Angebot, was unweigerlich zu einem Gefühl der Frustration führt.

Dass die Welt immer komplizierter wird, hat auch der Trendradar des Gottlieb Duttweiler Instituts erkannt. So ist gemäß einer Studie des Marktforschungsinstituts A.T. Kearny das Artikelangebot in deutschen Warenhäusern in den letzten zehn Jahren um 20 % und mehr gewachsen: 500 statt 400 verschiedene Kaffee-, Tee- und Kakaopackungen, 750 statt 580 Hygiene- und Säuglingspflegeartikel, 3.400 statt 2.600 Produkte für die Haar-, Haut-, Mund- und Körperpflege.

Diese Entwicklung scheint uns auf den ersten Blick positiv und wirtschaftlich erwünscht zu sein. Die Vielfalt fasziniert uns, wir lassen uns gern von einer möglichst breiten Angebotspalette verführen.

Die beiden US-amerikanischen Forscher Sheena Lyengar und Mark Lepper kamen zu einem anderen Schluss: In einer kleinen Feldstudie bauten sie in einem Delikatessengeschäft in Kalifornien Probiertische auf, wo Kunden verschiedene Marmeladensorten testen konnten. In einer Versuchsanordnung standen 6 Sorten zur Auswahl, in einer anderen 24. Das Ergebnis war überraschend: Beim Tisch mit der großen Auswahl probierten zwar 60 % der Passanten mindestens eine Marmeladensorte, aber noch nicht mal 2 % kauften letztlich ein Glas. Ganz anders das Resultat beim kleinen Tisch: Hier vermochte das überschaubare Angebot zwar nur 40 % der Vorbeigehenden zum Probieren zu verführen, dafür entschlossen sich 12 % zum Kauf – mehr als sechsmal so viel wie bei der größeren Auswahl.

Eine große Auswahl hat also auch seine Nachteile. Wer – um beim obigen Beispiel zu bleiben – aus 24 Marmeladensorten eine auswählt, entscheidet sich zwangsläufig gegen 23 andere. Da ist die Gefahr groß, dass eine der anderen Optionen besser gewesen wäre.

▶Je mehr Auswahl wir haben, umso mehr trauern wir verpassten Chancen nach.

Nun ist es zugegebenermaßen noch lange keine Katastrophe, wenn uns die Quitten-Ingwer-Marmelade tatsächlich etwas besser geschmeckt hätte als die Erdbeer-Holunderblüten-Konfitüre, für die wir uns beim Einkaufen entschieden haben. Aber wie sieht es bei essenzielleren Entscheidungen aus? Bei der Altersvorsorge beispielsweise? Hier

können anfallende Opportunitätskosten – also entgangene Erlöse, die dadurch entstehen, dass vorhandene Möglichkeiten zur Nutzung von Ressourcen nicht wahrgenommen werden – durchaus schmerzvoll sein.

Die US-amerikanische Vanguard Group ist einer der weltgrößten Finanzdienstleister. Das Unternehmen beschäftigt ungefähr 15.000 Mitarbeiter, denen als besondere Sozialleistung Investmentfonds zur freiwilligen Altersvorsorge angeboten werden. Nun hat man herausgefunden, dass pro zehn zusätzlicher Investmentfonds, die der Arbeitgeber anbietet, die Teilnahme an der freiwilligen Altersvorsorge um 2 % sinkt. Gegenwärtig sind es rund 50 Investmentfonds, die zur Auswahl stehen. Wären es nur fünf, würden 10 % mehr Mitarbeiter dieses im Prinzip durchaus attraktive Vorsorgeangebot in Anspruch nehmen. Die finanziellen Folgen für die Nichtteilnehmer sind dabei nicht zu unterschätzen: Die Lähmung, sprich die Entscheidungsunfähigkeit aufgrund des zu großen Angebots, führt bei den betroffenen Mitarbeitern gemäß Studie zu Opportunitätskosten von etwa 5.000 Dollar pro Jahr.

Eine lähmend große Produkteauswahl ist das eine – komplizierte Produkte, Dienstleistungen und Verfahren das andere. Wie schädlich zu komplizierte Produkte sein können, wissen wir spätestens seit Mitte der Nullerjahre, als Finanzprodukte, die derart vielschichtig, verflochten und undurchschaubar waren, dass sie selbst von spezialisierten Profis nicht

mehr vollständig verstanden wurden, die gesamte Weltwirtschaft in eine tiefe Krise stürzten. «Schließe nur Produkte ab, die du selber verstehst» – dieser von Vernunft und Ratio geprägte Investment-Leitsatz aus der guten alten Zeit gilt im Dschungeldickicht hochkomplex strukturierter Finanzderivate schon lange nicht mehr.

Man braucht jedoch nicht zwingend in die Abgründe der außer Rand und Band geratenen Finanzwelt zu blicken, um zu merken, dass Produkte immer komplizierter werden. Dafür reicht auch ein Blick auf den eigenen Computer. Heutzutage gibt es wohl kaum eine Arbeitsstelle mehr, bei der das «Beherrschen» von MS Word und Excel nicht als grundlegende Voraussetzung gilt. Und wir alle würden bei einer allfälligen Stellenbewerbung mit gutem Gewissen behaupten, dass wir die beiden Programme auch tatsächlich verstehen. Tun wir aber nicht. Als durchschnittliche Nutzer kennen wir uns lediglich bei knapp zehn Prozent aller Funktionen, die die beiden Programme nach unzähligen Updates mittlerweile zu bieten haben, wirklich gut aus.

Im Gegensatz zu Computerprogrammen, bei denen eine gewisse Kompliziertheit gewissermaßen zur DNA gehört, sind Auktionen eine denkbar einfache Angelegenheit. Diejenigen, die ein Gut erwerben wollen, machen Angebote. Der Verkäufer sammelt sie ein und gibt am Ende dem Meistbietenden den Zuschlag. So war es zumindest früher. Nun aber machte sich die Deutsche Fußball Liga (DFL) daran, das simple Verkaufsprinzip einer Auktion zu perfektionieren, mit dem Ziel, die Fernsehrechte für die Bundesligasaison 2017/18 mittels Onlineauktion an den Meistbietenden zu bringen. Hierfür wurde das «Produkt» Bundesliga in 17 verschiedene Pakete aufgeteilt. Das daraus resultierende Onlineauktionsverfahren war am Ende so kompliziert, dass potenziellen Bietern im Vorfeld der Auktion ein Seminar zum besseren Verständnis angeboten werden musste.

Es ist der Wettbewerb, der dazu führt, dass Produkte fortwährend zusätzliche Funktionen erhalten. Dienstleistungen werden ausgebaut und in unterschiedlichsten Varianten angeboten. Prozesse werden in einer vernetzten Welt vielfältiger und haben mehr Schnittstellen.

Die Erfahrung, dass Produkte, die mit einer Vielzahl von Funktionen ausgestattet sind, nur vordergründig einen Attraktivitätsvorsprung gegenüber einfacheren Produkten besitzen, haben wir alle schon einmal gemacht. Ob es sich um moderne Features bei Automobilen wie etwa einem Reifendrucksensor oder um die Installation eines Fernsehers mit Internetzugang, Sat-Programmen und Webcam handelt: Eine möglichst große Funktionsvielfalt begeistert uns auf den ersten Blick. Sobald die Produkte aber tatsächlich installiert und bedient werden müssen, wirkt die Überfülle an Features plötzlich störend. Weil die Geräte nicht mehr intuitiv bedient werden können, empfinden wir ihre Funktionsweise als kompliziert – Überforderung stellt sich ein. Die Konsequenz: In der Praxis geben wir einfacheren Produkten oft den Vorzug.

▶Die zunehmende Kompliziertheit bringt einige negative Effekte hervor: hoher Zeitaufwand, größere Fehleranfälligkeit, mehr Schulungs- und Einarbeitungszeit, Mehraufwand für den Unterhalt, mehr Kundenfragen und Reklamationen.

Jeder intelligente
größer
und komplexer
Es braucht etwas
und viel Mut, um

Albert Einstein

Narr kann Sachen

machen.
Genialität
die Gegenrichtung
einzuschlagen.

Die «Gut genug»-Revolution

Ob Computer, Fernseher, Backofen oder Smartphone: Bei technischen Produkten galt bisher uneingeschränkt die Devise «Mehr ist besser». Völlig klar, dass jede neue Gerätegeneration mit neuen aufsehenerregenden Features aufzuwarten hatte – schließlich lechzte die Zielgruppe danach. «Stillstand bedeutet Rückschritt» wurde zum unwidersprochenen Glaubensbekenntnis eines florierenden Industriezweigs.

Doch nun zeichnet sich eine Trendwende ab, wie der Trendradar des Gottlieb Duttweiler Instituts zeigt: Ausgerechnet «Wired», das Zentralorgan der Technik- und Gadget-Lovers, verkündet die «Good Enough Revolution». Immer mehr Menschen würden einfachere und billigere Low-End-Produkte den perfektionierten, hochglanzpolierten und komplizierten High-End-Versionen vorziehen. Bereits vor zehn Jahren

kauften sie eine einfache, günstige «Flip Ultra» statt einer hochauflösenden Markenkamera, heute werden Filme mit einer kleinen GoPro-Kamera oder auf dem Smartphone gedreht. Videos werden auf dem Computer statt auf HDTV geschaut, es wird mit Skype telefoniert und Microsoft Office und Outlook gegen Gmail und Google-Text getauscht. Die Basisversionen von Webtools wie Flickr oder Doodle werden zum Ideal – die kostenpflichtigen Upgrades zur unnötigen Spielerei.

▶Qualität bleibt zwar nach wie vor wichtig. Doch sie wird neu verstanden als das Unkomplizierte und leicht Zugängliche.

Einfachheit zahlt sich aus: Der «Global Brand Simplicity Index»

In der heutigen Zeit sehnen sich immer mehr Leute nach Einfachheit. Man sieht das nicht nur daran, dass im digitalen Dialog einfache Piktogramme, sogenannte Emojis, immer mehr die geschriebene Sprache verdrängen. Auch das Bedürfnis nach einfachen Produkten und Dienstleistungen wird immer größer. Das erstaunt nicht: Denn einfache Dinge brauchen weniger Erklärung, funktionieren besser und führen letztlich zu mehr Zufriedenheit.

Die New Yorker Marketingberater Siegel+Gale haben in einer groß angelegten globalen Studie untersucht, inwiefern Unternehmen durch Vereinfachung das Markenerlebnis nachhaltig verbessern können. Zu diesem Zweck werden jährlich über 10.000 Konsumenten in verschiedenen Ländern befragt. Aus dieser Befragung ergibt sich ein Ranking, der sogenannte «Global Brand Simplicity Index», der Auskunft darüber gibt, welche Unternehmen und Marken die Kunden wegen ihrer Einfachheit besonders schätzen – und für welche Produkte sie deshalb mehr zahlen würden. Als einfach gilt ein Produkt, wenn es leicht zu verstehen ist, als transparent und ehrlich empfunden wird, die Bedürfnisse der Kunden ernst nimmt und auch tatsächlich einen sinnvollen Kundennutzen bietet. Das Ergebnis lässt aufhorchen. Es zeigt, dass Einfachheit tatsächlich einem echten Kundenbedürfnis entspricht und für Unternehmen ein nicht zu unterschätzender Faktor für wirtschaftlichen und finanziellen Erfolg ist.

Wie die Studie zeigt, wird ein Produkt am ehesten dann weiterempfohlen, wenn es besonders einfach ist. Für einfachere Produkte ist eine Mehrheit sogar bereit, tiefer in die Tasche zu greifen. Wie durchschlagend Einfachheit als wirtschaftlicher Erfolgsfaktor ist, zeigt eine letzte Zahl: Fasst man die Unternehmen, die im «Global Brand Simplicity Index» weit oben stehen, in einem eigenen Aktienindex zusammen, würde dieser Index andere Aktienindizes um Längen schlagen. Zwischen 2009 und 2015 hätte ein entsprechendes «Simplicity Portfolio» einen Kursgewinn von 293 % verzeichnet. Im selben Zeitraum ist der DAX um 102 % gewachsen, der Dow Jones um 78 %.

Welche Unternehmen stehen im «Global Brand Simplicity Index» ganz oben? Regelmäßig stehen Aldi, Google und Lidl auf dem Siegerpodest, dicht gefolgt von Netflix, McDonald's, Burger King und Ikea. Und ganz unten? Dort tummeln sich vor allem Versicherungsunternehmen, die mit monströsen Policen und undurchschaubaren Portfolios den Verbraucher verwirren. Nun ist es völlig klar, dass sich Versicherungsprodukte nicht so leicht vereinfachen lassen, wie beispielsweise das Früchteangebot eines Detailhändlers. Aber allein durch eine präzisere, klarere und verständlichere Kommunikation könnte die Versicherungsbranche in Deutschland, so der Report von Siegel+Gale, einen Mehrerlös von mehreren Hundert Millionen Euro erwirtschaften.

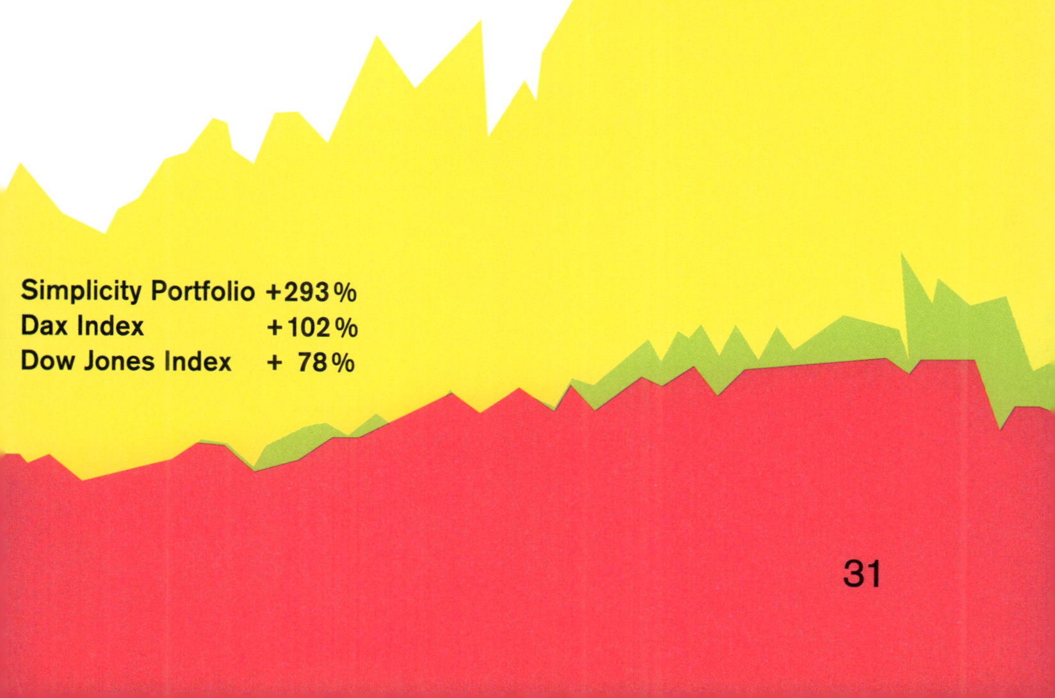

Einfachheit ist anspruchsvoll

Der Begriff «Einfachheit» genießt vielerorts einen zweifelhaften Ruf. Was einfach ist, steht im Ruch, banal, billig und minderwertig zu sein. «Einfache» Menschen gelten als einfältig – Politiker, die in lauter Stammtischmanier «einfache» Lösungen propagieren, als suspekt. Das englische Wort «Simple-minded» taucht in Stellen- und Kontaktanzeigen als gewünschte Charaktereigenschaft auch eher selten auf. Homer Simpson taugt als «Role Model» nur bedingt.

Ein einfaches Gericht scheint weniger wertvoll zu sein als ein aufwendiges – obwohl uns das «einfache» Essen vielleicht viel besser schmeckt. Ein Fachartikel, der in einer komplizierten Fachsprache verfasst ist, gilt als intelligenter als ein in einer einfachen, verständlichen Sprache geschriebener Text mit anschaulichen Beispielen. So spricht ein Marketingleiter denn auch viel lieber von Intangible Assets, Key Performance Indicators, Target Groups und Brand Awareness, statt die Dinge beim Namen zu nennen.

In Geschäftsberichten wimmelt es vor Allgemeinplätzen und Redundanzen, also vor Informationen, die man ohne Informationsverlust auch ganz einfach weglassen könnte. Dort liest man dann Sätze wie «Die Geschäftsleitung hat für alle Phasen der Programmarbeit konkret auf die Programme zugeschnittene Instrumente entwickelt, um die Qualität zu sichern und Ergebnisse für weitere Vorhaben zu nutzen.» Es könnte auch heißen: «Unsere Vorhaben werden regelmäßig überprüft.» Aber so würde ein Geschäftsbericht nicht 100, sondern nur 20 Seiten füllen – zu wenig für die große Bedeutung, die sich viele Unternehmen gern selbst zuschreiben.

Viele von uns umgeben sich mit einer Aura des Komplexen, um ihrer Botschaft mehr Bedeutung zu verleihen, und verstecken ihre Unsicherheit virtuos hinter kaum verständlichem Fachchinesisch. Wir hüten uns davor, etwas einfach darzustellen. Denn wenn etwas (zu) einfach scheint, verliert es an Wert. Dann kann das ja jeder!

Was lernen wir daraus? Einfach ist nicht einfach! Sonst müsste dieses Buch nicht geschrieben werden.

▶Wäre Einfachheit einfach nur eine simple Angelegenheit, dann wären einfache Produkte, Dienstleistungen und Prozesse die Regel und nicht die Ausnahme, nach der sich Kunden und Mitarbeiter sehnen.

Einfachheit zu erreichen ist nicht leicht, denn Einfachheit hat immer einen hohen Anspruch. Nimmt man den Weg zu mehr Einfachheit auf die leichte Schulter, führt dieser schnell in eine Sackgasse.

Kommen wir auf die Emojis zurück, jene allgegenwärtigen Piktogramme, ohne die in Zeiten explodierender Smartphonisierung Kommunikation nicht mehr möglich scheint. Ob WhatsApp, Twitter oder Facebook: Die Grinsegesichter verdrängen immer mehr die textbasierte Sprache. Das führt dann zu Dialogen wie diesem: Dem mit jeder Menge Herzchen und Kussmündern angereicherten Text «Bin gleich da» wird mit einer sonnenbebrillten Pommestüte und einer Discokugel geantwortet. Man hätte auch schreiben können: Cool, wir essen einen Happen und dann gehen wir tanzen. Aber das wäre total old fashioned gewesen und mit viel zu viel Aufwand verbunden.

So weit, so gut. Nun aber haben die Forscher Hannah Miller, Jacob Thebault-Spieker, Shuo Chang, Isaac Johnson, Loren Terveen und Brent Hecht für die University of Minnesota herausgefunden, dass Emojis in kommunikativer Hinsicht ein totaler Reinfall sind. Zumindest unter der Prämisse, dass von einer Sprache erwartet werden darf, dass ihre Nutzer unter den gleichen Begriffen das Gleiche verstehen. In dieser Hinsicht bilden die offiziell 1.282 Motive der Emoji-Welt ein riesiges Meer der Missverständnisse. In 25 % aller Fälle können sich Emoji-Nutzer mit verschiedenen Endgeräten noch nicht einmal darauf einigen, ob das verwendete Piktogramm eine positive, negative oder neutrale Aussage hat. Zum Beispiel das Motiv 1F601 «grinsendes Gesicht mit lächelndem Auge»: Von einem Samsung- oder LG-Handy als Symbol für «rundum glücklich» verschickt, kommt es auf Apple-Geräten als aggressives «Ready to fight» an.

▶Das Ziel von Einfachheit ist niemals bloße Aufwandsverminderung. Einfache Lösungen

sind immer durchdachte und verständliche Lösungen, die einen Mehrwert bieten.

Wenn wir sagen: «Das ging aber einfach!», dann ist das immer auch Ausdruck einer positiven Überraschung, weil wir eigentlich etwas viel Komplizierteres erwartet hätten. Wenn wir sagen: «Das ist einfach gut», dann ahnen wir, dass dahinter viel Arbeit steckt. Wenn wir sagen: «Das sieht so einfach aus», dann wissen wir, dass der Schein trügt. Einfachheit ist nichts Selbstverständliches. Die Einfachheit, nach der wir streben und die wir uns wünschen, steht immer am Ende einer Entwicklung. Sie ist nicht der Ausgangspunkt, sondern das Resultat eines Prozesses. Erst wenn sich etwas weiterentwickelt hat, wenn es verbessert und verfeinert wurde, wird es wirklich einfach. Einfachheit ist Reduktion, die bereichert. Produkte, Dienstleistungen und Prozesse werden so lange optimiert, bis nur noch ihre Essenz übrig bleibt. Denken Sie an einen Smart oder einen iMac. Gelungene Einfachheit bringt zum Ausdruck: Das geht nicht besser – it's simply the best!

Einfachheit
höchste
Raffinesse.

ist die
Form der

Steve Jobs

Kompliziertheit ist keine komplexe Angelegenheit

Der Einfachheit wird häufig die Komplexität gegenübergestellt. Und das nicht selten in einer wertenden Art und Weise. Einfache Lösungen können der Komplexität der Situation unmöglich gerecht werden, heisst es dann zum Beispiel. Oder: Unsere Produkte, Dienstleistungen, Prozesse sind viel zu komplex, als dass man sie so ohne Weiteres vereinfachen könnte.

Der scheinbar komplexen Sache wird dabei oft per se ein positiver Wert beigemessen: die Komplexität als Gütesiegel einer höheren Qualität. Die Komplexität wird aber auch als unabänderliches Faktum angesehen: Die Situation ist nun mal komplex, da können wir leider nichts machen. Komplexität als Freipass fürs Nichtstun.

▶Schaut man jedoch genauer hin, sind vermeintlich komplexe Dinge und Prozesse oft einfach nur kompliziert.

Was ist der Unterschied zwischen einfach, kompliziert und komplex? Für einfache Dinge und Prozesse sind wiederholbare Muster und eindeutige Ereignisse typisch – Ursachen, Wirkungen und Beziehungen sind offensichtlich. Doch aufgepasst: Eine objektive Maßeinheit für Einfachheit gibt es nicht. Einfachheit ist immer eine Bewertung durch eine Person oder eine Gruppe. Eine solche Wertung basiert stets auf einer persönlichen Erfahrung und bestehendem Wissen. Sie wird immer aus einer subjektiven Perspektive heraus vorgenommen.

Wenn es um Einfachheit geht, gibt es kein absolutes Richtig oder Falsch. Es geht immer um persönliche Einschätzungen – um eine Realität, die auf einer eigenen Meinung basiert.

Ist etwas kompliziert, dann bleibt das System als Ganzes zwar vorhersehbar. Ursache und Wirkung sind immer noch vorhanden, aber nicht mehr für jeden sofort ersichtlich. Im Gegensatz zu komplexen Dingen können komplizierte Sachen dokumentiert werden. Sie sind logisch, transparent, erlernbar und reproduzierbar.

Ist ein Sachverhalt komplex, dann ist alles im Fluss und nicht mehr vorhersehbar. Es gibt zwar noch erkennbare Orientierungsmuster, aber auch etliche Unbekannte. Etwas Komplexes ist nicht mehr vollständig übertragbar und auch nicht mehr vollständig erlernbar. Weil es von vielen unsicheren Faktoren abhängig ist, ist das Ergebnis eines komplexen Vorgangs variabel. Kreative Ansätze sind nötig, um in einem iterativen Prozess zu Lösungen zu kommen.

Sind komplizierte und komplexe Sachen zwangsläufig schlecht? Nein! Ein Experte muss das Komplizierte beherrschen – Lerneffekte helfen ihm dabei. Die Kompliziertheit soll aber nicht bis zum Anwender durchdringen. Nehmen wir als Beispiel das Antiblockiersystem (ABS) Ihres Autos: Die Funktionsweise dieses ausgeklügelten technischen Systems ist ohne Expertenwissen nur schwer zu verstehen. Von dieser Kompliziertheit merken Sie als Fahrzeuglenker aber nichts. Für Sie ist ABS einfach nur eine ungemein praktische Sache, die es Ihnen leicht macht, bei heftigen Bremsmanövern den Wagen in der Spur zu halten. Die Fahrsicherheit wird erhöht, das Lenken des Automobils vereinfacht.

Der Faktor Mensch

Haben Sie noch Sex oder spielen Sie schon Golf? Dieser Kalauer ist – wir geben es zu – ziemlich simpel. Nicht simpel, aber einfach ist der Sinn und Zweck des Golfspiels: Es geht darum, einen kleinen Ball mit einem Schläger in ein Loch zu bugsieren. Das Regelwerk des Golfspiels hingegen ist ziemlich kompliziert. Oder behalten Sie bei Birdie, Bogey und Handicap tatsächlich immer den Überblick?

Steht man selber auf dem Golfplatz, dann wird das Golfspielen plötzlich zu einer komplexen Angelegenheit: Die Tagesform, der Zustand des Greens, die Wind- und Wetterverhältnisse machen das Versenken des Golfballs zu einer unberechenbaren Herausforderung.

▶Etwas Kompliziertes ist statisch. Dynamische Sachen sind komplex.

Komplexe Sachen und Vorgänge werden durch externe, nicht kontrollierbare Einflüsse, durch den Faktor Zeit und vor allem auch durch den Faktor Mensch unberechenbar. Verkehrsregeln sind kompliziert – der Verkehr mit seinen launenhaften Verkehrsteilnehmern ist komplex. Ein Flugzeug ist eine komplizierte Konstruktion – das Flugzeug sicher von Berlin nach Zürich zu fliegen, eine komplexe Herausforderung.

Das muss einfach mal gesagt werden

Nicht nur für Kunden und Anwender sind einfache Produkte und Dienstleistungen ein großes Bedürfnis. Auch bei Mitarbeitern und Lieferanten steigt die Zufriedenheit, wenn Arbeitsprozesse möglichst einfach sind. Doch was bedeutet Einfachheit aus Sicht von Konsumenten, Zulieferern und Kollegen überhaupt? Eine eindeutige Antwort auf diese Frage gibt es nicht – sollten Ihnen aber ein paar der folgenden Aussagen einmal zufällig zu Ohren kommen, können Sie im Hinblick auf einen angestrebten Vereinfachungsprozess beruhigt feststellen: Ziel erreicht!

Einfach genial!

Man konnte direkt starten.

Es ist selbsterklärend.

Das ging jetzt aber superschnell.

JEDER KULTURKREIS KANN DAMIT UMGEHEN.

Ich habe schnell verstanden, um was es geht.

Warum denn nicht gleich so?

Dieses Ding ist universell einsetzbar!

DAS WAR JETZT ABER UNKOMPLIZIERT.

Es passieren jetzt viel weniger Fehler.

Die Verständlichkeit wurde massiv erhöht.

Wir benötigen jetzt weniger Zeit für die Produktion

Die Programmierung geht bequemer und schneller.

Viele Schnittstellen konnten gestrichen werden.

FEHLER WERDEN JETZT SCHNELLER GEFUNDEN.

DIE AKZEPTANZ IST GESTIEGEN.

Ich verstehe jetzt, wie es funktioniert.

Einfach überzeugend

Warum Kunden und Anwender Einfachheit schätzen, liegt auf der Hand. Worin liegt nun aber der Nutzen von einfachen Produkten, Dienstleistungen und Prozessen für ein Unternehmen? Warum sollen Dinge einfacher gemacht werden? Aus vielerlei Gründen!

▶Kaufentscheidungen für einfache Produkte fallen schneller.

▶Einfache Produkte werden besser verstanden.

▶Einfache Werkzeuge sind in der Handhabung sicherer und es passieren weniger Fehler.

▶Einfache Systeme sind schneller implementiert, adaptiert und weniger fehleranfällig.

▶ Ein Preismodell, das leicht verständlich ist, wird von den Kunden schneller akzeptiert.

▶ Einfache Dienstleistungen werden eher in Anspruch genommen als Dienstleistungen, die einen hohen Erklärungsbedarf haben.

▶ Ist ein Produkt oder eine Dienstleistung selbsterklärend, wird der Kundendienst weniger beansprucht und es entstehen weniger Kosten.

▶ Einfache Prozesse sind für alle verständlich und werden entsprechend schneller eingeführt.

«Wenn Einfachheit einfach geht, dann ist das in jedem Fall ein Alarmzeichen»

Design Tech gehört zu den international führenden Unternehmen für zielorientiertes Maschinendesign. Bis heute belegen mehr als 130 Awards den außergewöhnlichen Erfolg des Designunternehmens aus Ammerbuch bei Tübingen. Firmeninhaber Jürgen R. Schmid ist Autor zahlreicher Fachbeiträge und Bücher, Mitglied internationaler Design-Jurys und als Referent für Maschinendesign, Industrie 4.0 und andere zukunftsweisende Themen deutschlandweit bekannt.

Herr Schmid, was ist Einfachheit?

Einfachheit folgt dem Prinzip des Bildhauers: Am Anfang steht eine klare Idee, dann nimmt er einen geeigneten Steinblock und beginnt zu meißeln. Erst wenn der Künstler von diesem Stein alles entfernt hat, was nicht zu seiner Idee gehört, ist Einfachheit erreicht. Will er statt einer Figur ein abstraktes Gebilde erschaffen, wird er andere Bereiche am Stein entfernen, bis er präzise seine abstrakte Figur erkennt. Wenn er jetzt seine Idee dreidimensional aus Stein vor sich hat, ist Einfachheit erreicht. Hat er auch nur einen Kubikzentimeter nicht entfernt, ist die Figur unfertig. Der Bildhauer oder Steinmetz muss also vor dem Meißeln ganz genau wissen, was er nicht braucht und was er entfernen muss.

Einfachheit wird für Nutzer von Produkten immer wichtiger. Vor welche Herausforderungen stellt das einen Designer?

Im Vereinfachungsprozess spielt der Anwender eine tragende Rolle. Es ist wichtig, genauestens zu wissen, wer der Anwender ist und wie er das Produkt in der Praxis anwendet. Dazu ist eine intensive und vielfältige Recherche unumgänglich. Daraus ergibt sich eine Vielzahl von Beobachtungen und Informationen, die anschließend in einer konsequenten Bewertungsphase eingeordnet werden. Erst im nächsten Schritt, wenn eine klare Vorstellung, ein konkretes Zielbild vorliegt, wie dem Anwender eine optimale Lösung angeboten werden kann, ist es möglich, mit der Arbeit am Projekt zu beginnen. Durch diese individuelle Justierung und Priorisierung entsteht der Nutzen der Einfachheit.

Ist ein einfaches Design automatisch gut?

Eine einfache Produktästhetik kann sehr ansprechend sein. Oder auch extrem langweilig, ohne Anziehungskraft und Emotion. Beide Fahrzeuge, der Porsche 911 und der VW Phaeton, sind im Styling einfach. Der eine weckt tiefe Emotionen, der andere gähnt vor Langeweile. Die pure Einfachheit ist auch in der Ästhetik kein Qualitätsmerkmal.

Etwas Einfaches braucht also das gewisse Etwas, um einen Wert zu bekommen?

Genau! Vereinfachen bedeutet nicht nur Ordnung schaffen. Bei Design Tech ist es immer unser Ziel, ein individuell erkennbares Zeichen zu setzen, indem wir die Vereinfachung ganz gezielt durch markante Details ergänzen. Der bekannte Gebrauchsgrafiker Anton Stankowski, der unter anderem das Markenzeichen der Deutschen Bank entwickelt hat, drückte das so aus: «Zuerst vereinfachen, dann an einer Stelle etwas wegnehmen und an einer anderen völlig unerwarteten Position etwas hinzufügen.» Im Maschinendesign hat das markante Detail nicht nur ästhetischen Charakter. Der Mehrwert ist vehement gefordert.

Ist es besonders kompliziert, ein einfaches Design zu entwickeln?

Komplizierte Lösungen zu finden ist eine einfache Angelegenheit. Einfachheit braucht Genialität und Zeit. Es geht darum, die ganze Komplexität einer Aufgabe zu verstehen, sie danach auf das Wesentliche zu reduzieren und anschließend mit einem raffinierten Detail unverwechselbar zu machen. Erfolgreiche Vereinfachungsprozesse sind immer sehr anstrengend. An den intensiven Diskussionen kann man erkennen, ob man auf dem richtigen Weg ist. Wenn Einfachheit einfach geht, dann ist das in jedem Fall ein Alarmzeichen.

Das Einfache steht also nicht am Anfang, sondern am Ende eines Denkprozesses?

Richtig! Noch vor dem Vereinfachungsprozess braucht es die scharfsinnige Beschäftigung mit der Komplexität. Erst wenn der Industrial Designer von Design Tech die gesamte Aufgabe und Komplexität der Maschine vollkommen beherrscht, sodass er die Anforderungen virtuos variieren kann, kann der Prozess der Vereinfachung beginnen. Oft denken wir über den Wirrwarr der zunächst unüberschaubaren Aufgabe Tag und Nacht nach. Wir suchen nach Ordnung, Struktur und Zusammenhängen. Unser Gehirn ist unaufhörlich aktiv, bis der Knoten platzt.

Den intensiven Denk- und Arbeitsprozess sollte man dem einfachen Produkt am Schluss aber nicht mehr ansehen – wie gehen Sie mit dieser Herausforderung um?

Was ist daran so schwierig gewesen? Warum haben sie so lange dazu gebraucht? Diese Idee hatte ich schon vor Jahren unter der Dusche! Das erinnert mich an ein simples Vorkriegsmodell. Das alles sind Aussagen, die mir zeigen, dass wir unseren Job sehr, sehr gut gemacht haben. Denn der steinige Weg von der Komplexität zur individuellen Vereinfachung darf einem naheliegenden Ergebnis nicht mehr anzusehen sein. Bei Design Tech spüren wir sofort, wenn wir die punktgenaue Lösung gefunden haben. Erst dann präsentieren wir dem Kunden den Entwurf. Und manchmal schleicht sich das Gefühl ein, dass Außenstehende unsere enorm hohe zeitliche Investition und Denkarbeit nicht erkennen können. Für sie handelt es sich ja schließlich um einen naheliegenden Lösungsvorschlag. Es gelingt mir immer besser, diese Einschätzung als Kompliment zu verstehen.

Wie lernen Ihre Mitarbeiter «Einfachheit»?

Neue Mitarbeiter einzulernen braucht neben Zeit, Übung und Anleitung auch die geeignete Vorgehensweise. Ich habe noch niemanden erlebt, der auf Anhieb «einfach» kann. Schritt für Schritt führen wir die Maschinendesigner an diese Fähigkeit heran. Dies ist ein schwieriger und mühevoller Prozess für alle Beteiligten. Auch die Vollständigkeit und Verflechtung einer Aufgabe zu erkennen, will gelernt sein. Wenn bereits nach wenigen Stunden ein Entwurf auf dem Tisch liegt, sieht nur der Geübte, dass wir noch weit von der gewünschten Simplizität entfernt sind. Wird ein Mitarbeiter zum festen Mitglied des Design-Tech-Teams, ist das immer auch ein sicheres Indiz dafür, dass er die ersten Schritte der Vereinfachung verstanden und gelernt hat. Ich habe die Erfahrung gemacht, dass ein Industrial Designer dann zum Vereinfacher werden kann, wenn er abstrakt denken, strukturieren und priorisieren kann.

Jürgen R. Schmid
www.designtech.eu
www.juergen-schmid.de

Erster Teil: Der Vereinfachungsprozess

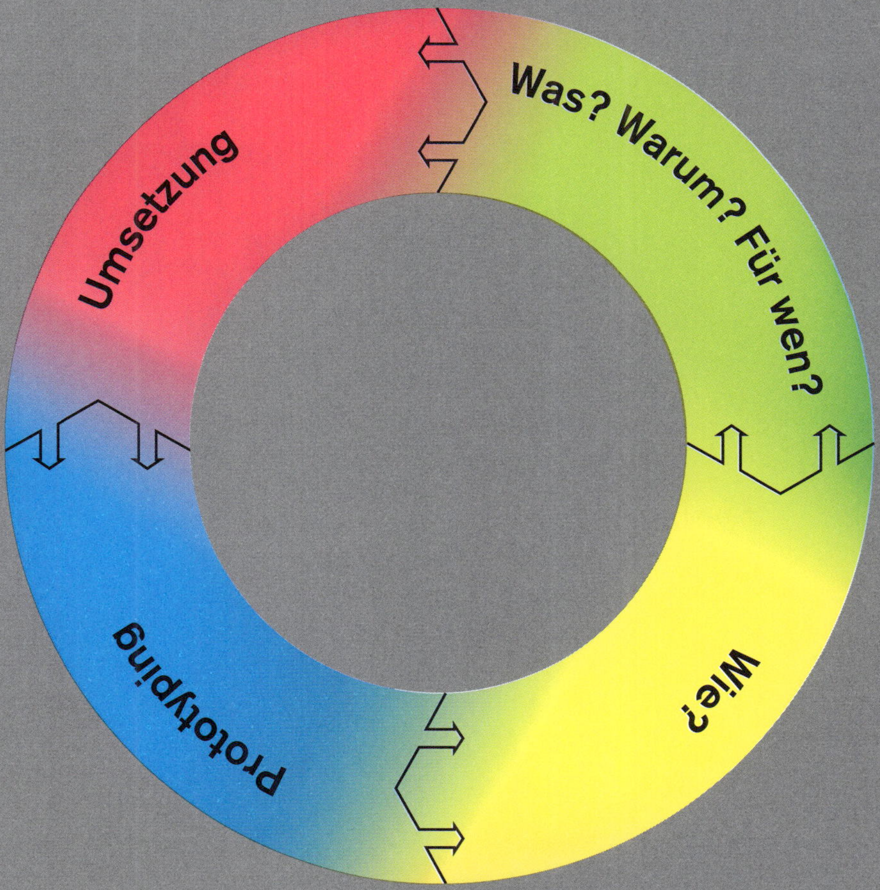
Was? Warum? Für wen?
Wie?
Prototyping
Umsetzung

Man muss
so tief
dass sie
werden.

die Dinge sehen, einfach

Konrad Adenauer

Mindset für Einfachheit: Ja, das wollen wir!

Machen wir die Dinge einfacher! Sind wir ehrlich: Das ist einfacher gesagt als getan. Denken Sie nur daran, wie mühsam es manchmal ist, den Kleiderschrank oder Schreibtisch aufzuräumen, eine neue Ordnung ins Büro zu bringen, den Terminkalender unter Kontrolle zu halten, sich in der Wohnung von überflüssigen Dingen zu trennen – oder ganz allgemein: das eigene Leben zu entrümpeln, um zum Wesentlichen und zu sich selbst zu finden.

Wenn Sie sich persönlich dazu entschließen, gewisse Aspekte Ihres Lebens zu vereinfachen, dann können Sie völlig frei entscheiden, mit welcher Strategie Sie das Ziel erreichen wollen. Sie ganz alleine bestimmen auch, was Einfachheit überhaupt bedeutet: Sind es weniger Möbel in Ihrer Wohnung oder weniger Kontakte in Ihrem Smartphone? Auf Unternehmensebene sieht das anders aus. Vereinfachungen betreffen immer ein Team, eine Gruppe von Leuten. Von Vereinfachungsprozessen wird immer die Zusammenarbeit zwischen verschiedenen Personen tangiert.

▶Ein Unternehmen braucht eine gemeinsame Werthaltung: die gemeinsame Überzeugung, dass einfache Produkte, Dienstleistungen und Prozesse Vorteile bringen.

Erfolgreiche Vereinfachungsprozesse brauchen als Grundlage eine gemeinsame Geisteshaltung. Ein Commitment, das zu verstehen gibt: Ja, das wollen wir! Man kann das durchaus mit einer Fußballmannschaft vergleichen, wo ein gemeinsames Ziel, eine gemeinsame Strategie und eine Taktik, an die alle glauben, zum Erfolg führen. Bei unternehmerischen Vereinfachungsprozessen ist die Ausgangslage die gleiche: Sie sind dann erfolgreich, wenn das ganze Unternehmen offen für Einfachheit ist – und zwar unabhängig von der Führungsebene.

▶Einfachheit muss Teil einer Unternehmensstrategie sein, an die Management und Belegschaft gleichermaßen glauben. Die dafür notwendige Sensibilisierung ist eine unternehmerische Kulturherausforderung.

Ebenso wichtig ist eine gemeinsame Sprache – eine Begrifflichkeit, unter der alle das Gleiche verstehen. Das gemeinsame Verständnis, was Einfachheit überhaupt ist und worin ihr Nutzen liegt, ist die Basis für jeden erfolgreichen Vereinfachungsprozess. Dabei geht es nicht nur darum, dass man firmenintern die gleiche Sprache spricht – wichtig ist immer auch, dass man begreift, was für Kunden, Zwischenhändler und Lieferanten Einfachheit bedeutet.

Einfach mal vertrauen

Vertrauen reduziert Komplexität – und macht in der innerbetrieblichen Zusammenarbeit vieles einfacher. Übergeordnete Kontrollinstanzen, die das Organigramm eines Unternehmens verkomplizieren, und zeitfressende Kontrollgänge entfallen. Es bleibt mehr Raum für die produktive kreative Arbeit. Ein sogenanntes «Flexibles Empowerment», also ein auf Vertrauen basierendes flexibles Gewähren großer Entscheidungs- und Verhaltensfreiräume, wird beispielhaft von der US-amerikanischen Luxushotelkette Ritz Carlton praktiziert. Die Mitarbeiter sind ermächtigt, bei auftauchenden Problemen in Eigenregie schnelle Lösungen zu realisieren. Für den Fall, dass ein Gast unzufrieden ist, kann bei Ritz Carlton selbst das Zimmermädchen ohne Rücksprache mit der Direktion eine Gratisübernachtung spendieren, Einladungen auf Kosten des Hauses aussprechen oder einen Früchtekorb aufs Zimmer bestellen. Die Mitarbeiter haben dabei freie Hand bis zu einem Betrag von 2.000 Dollar – anderswo wäre für den gleichen Betrag eine hochoffizielle Genehmigung über drei Hierarchiestufen hinweg nötig.

▶Eine Unternehmensstruktur, welche die Eigenverantwortung der Mitarbeiter stärkt, ihnen Entscheidungsfreiräume gibt, um Probleme autonom und flexibel zu lösen, schafft automatisch mehr Einfachheit.

Einfachheit ist innovativ

Das Resultat eines erfolgreichen Vereinfachungsprozesses ist immer eine Innovation – also neue oder erneuerte Produkte, Dienstleistungen und Prozesse, die durch ihre Einfachheit den Kundennutzen und die betriebliche Effizienz erhöhen und den Unternehmenserfolg vergrößern.

Möglich gemacht werden diese Innovationen durch eine bestimmte Geisteshaltung: die Überzeugung, dass mehr Einfachheit für das Unternehmen und die Kunden positiv ist und als Ziel angestrebt werden sollte. Dieses grundlegende Verständnis für den Nutzen von Einfachheit sorgt dafür, dass dem Vereinfachungsprozess nicht die Luft ausgeht.

Ob dem Wunsch nach einer Vereinfachung am Schluss auch tatsächlich eine Innovation entspringt, ist vom Zusammenspiel dreier Faktoren abhängig: Den individuellen Fähigkeiten bzw. der Motivation der am Vereinfachungsprozess beteiligten Personen, den Ressourcen des Unternehmens und dem kreativen Potenzial, das während des Vereinfachungsprozesses ausgeschöpft werden kann. Die Fokussierung auf den Kundennutzen sorgt dafür, dass die Innovation den Bedürfnissen der Nutzer entspricht und auf dem Markt bestehen kann.

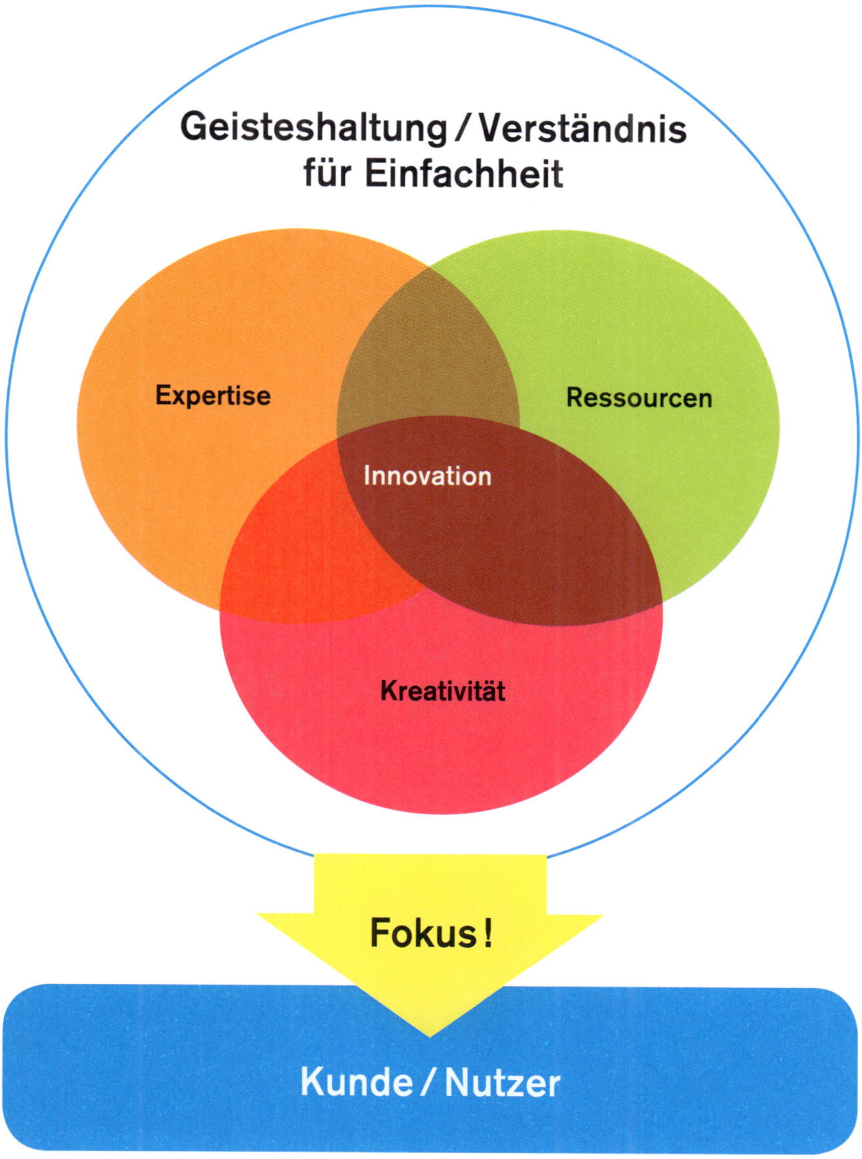
Geisteshaltung / Verständnis
für Einfachheit
Expertise
Ressourcen
Innovation
Kreativität
Fokus!
Kunde / Nutzer

Einfachheit liegt im Trend

Die wirtschaftliche Entwicklung wurde schon immer von großen globalen Trends nachhaltig beeinflusst. Während im 19. Jahrhundert der Übergang zur industriellen Produktion die Arbeitsbedingungen und Lebensumstände tief greifend umgestaltet hat, waren in der Folge der Siegeszug von Marketing und Verkauf sowie eine fruchtbare Innovationskultur der Motor für wirtschaftlichen Fortschritt und gesellschaftliche Veränderungen. Seit Mitte der Nullerjahre reiht sich Simplicity, also das wirtschaftliche Streben nach mehr Einfachheit, in die Reihe dieser Megatrends ein. Dabei beeinflusst Simplicity – verstanden als ein ganzheitliches Gestaltungselement zur Beurteilung der Wirkung von Prozessen, Dienstleistungen und Produkten bei Anwendern und Kunden – im Gegensatz zu den vorherigen Trends sämtliche Funktionsbereiche eines Unternehmens.

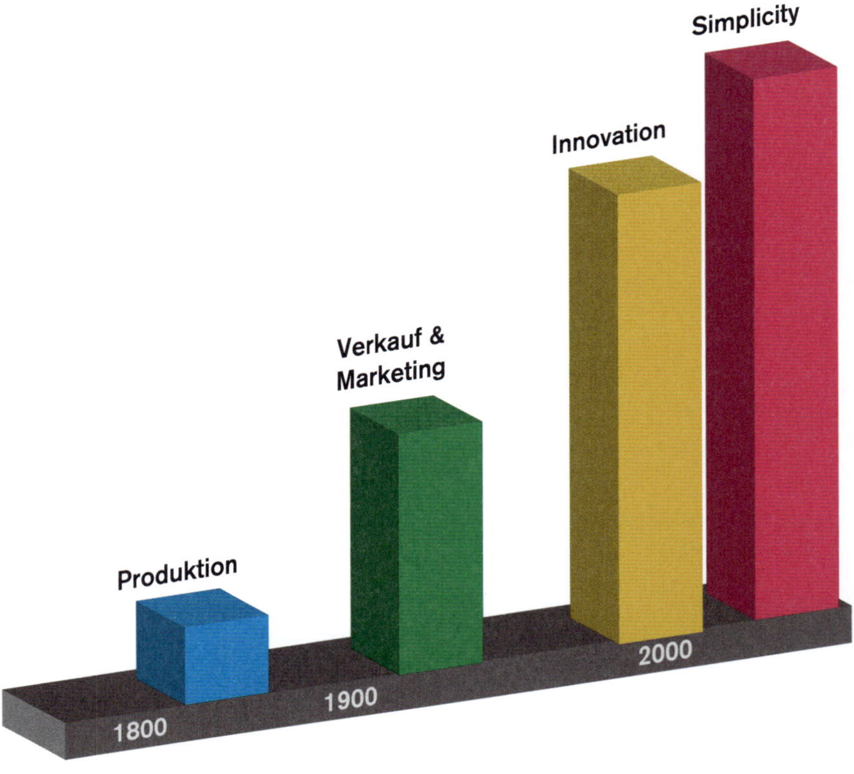

Der Vereinfachungsprozess: Rudern Sie ruhig mal zurück

Um effizient zu Vereinfachungen zu kommen, schlagen wir einen Prozess in vier Schritten vor. Ein Vereinfachungsprozess ist jedoch keine lineare Angelegenheit, keine Autobahn, die auf schnellstem Weg von A nach B führt. Einfachheit zu erreichen ist ein kontinuierlicher Prozess, ein fortwährendes Hinterfragen von Bestehendem, eine stetige Herausforderung.

Als Verantwortlicher eines Vereinfachungsprozesses sind Sie kein Wildwasser-Extremsportler, der sich in einem Schlauboot waghalsig einen Wasserfall hinunterstürzt und für den es kein Zurück mehr gibt, sobald er sich vom Ufer weggestoßen hat. Vielmehr sind Sie ein umsichtiger Kanute, der jederzeit in der Lage ist, die Richtung zu ändern und – wenn es sein muss – sogar imstande ist, das Boot wieder ein paar Meter gegen die Strömung zurückzurudern, um gefährlichen Stromschnellen oder Steinen im Flusslauf auszuweichen.

▶ Ein Vereinfachungsprozess ist ein iterativer und kreativer Prozess, in dem man sich schrittweise durch Wiederholen gleicher oder ähnlicher Handlungsoptionen der Lösung annähert.

Die Vereinfachung von Dingen ist ein kontinuierlicher Verbesserungsprozess, der zu einer evolutionären Qualitätsentwicklung führt. In ihm spiegeln sich sowohl die vier Schritte des PDCA-Zyklus wider (Plan, Do, Check, Act) als auch Ansätze des Design Thinkings. Dabei geht es um mehr als nur eine interne Unternehmenssicht (etwa die Optimierung von Produktionsprozessen). Es geht immer auch um das Ziel, Lösungen zu finden, die aus Nutzersicht überzeugend sind. Produktfunktionen, Usability, Kommunikation stehen bei einem Vereinfachungsprozess gleichermaßen auf dem Prüfstand. Das gilt für bestehende Dinge, die vereinfacht werden sollen, genauso wie für von Grund auf neue, einfache Lösungen.

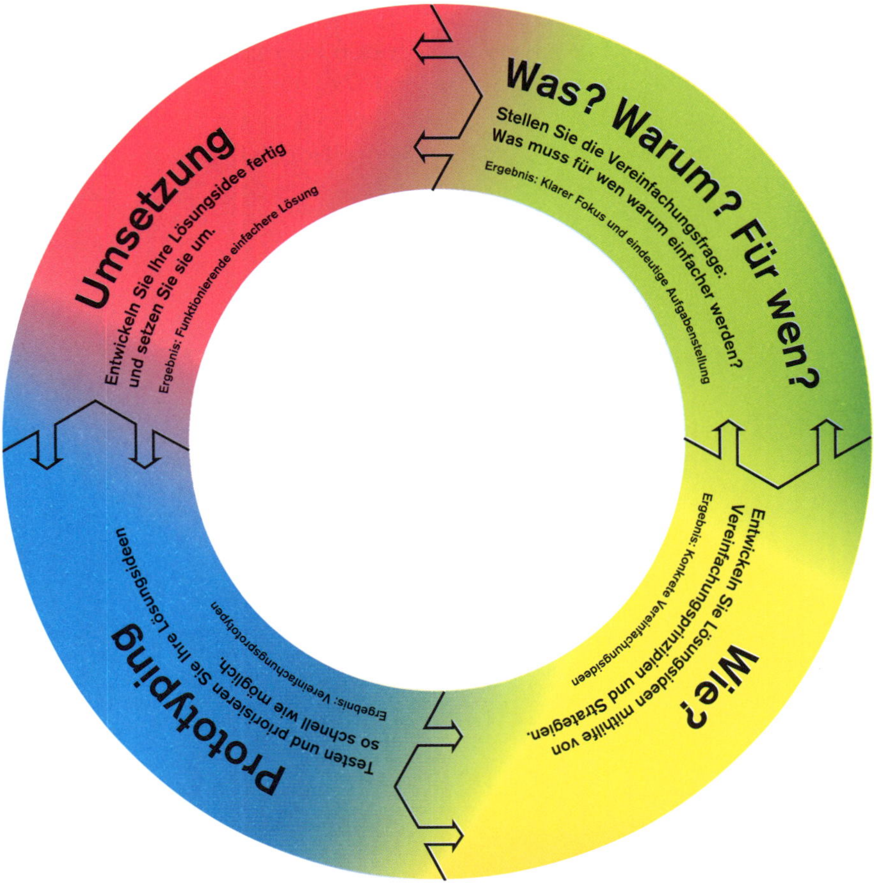

Grundlegende Fragen: Was? Warum? Für wen?

Am Anfang jedes Vereinfachungsprozesses müssen Sie ein paar grundlegende Fragen klären. Als Erstes, ganz einfach: Was soll denn überhaupt vereinfacht werden? Soll Bestehendes vereinfacht werden oder liegt der Fokus auf der Entwicklung von etwas Neuem? Mit einer gründlichen Voranalyse identifizieren Sie hierfür die in Ihrem Unternehmen bestehenden Brennpunkte und leiten daraus die relevante Problem-, Aufgaben- und Fragestellung ab.

Folgende Fokusfelder helfen Ihnen bei einem ersten Vereinfachungs-Brainstorming:

Prozesse

Wo passieren viele Fehler in unseren Prozessen?

Kunde

Wo reklamieren Kunden oft?

Produkte

Welche Produkte sind kompliziert?

Entscheidung

Wie kommen Entscheidungen zustande?

Klarheit schaffen

Steht die Aufgabenstellung fest, gilt es abzugrenzen: Handelt es sich um eine kleine Aufgabe oder um ein großes Projekt? Bei kleinen Aufgaben, zum Beispiel der Durchführung eines Workshops, kann jeder für sich in seinem eigenen Bereich autonom Vereinfachungen realisieren. Hier ist es am Schluss die Summe der vielen kleinen Dinge, die Wirkung zeigt. Große Vereinfachungsprojekte hingegen sind interdisziplinäre Aufgaben, wo viele verschiedene Interessen ins Spiel kommen. Hier ist dann oft ein eigentliches Changemanagement gefragt, um umfassende, bereichsübergreifende Veränderung zur Umsetzung neuer Vereinfachungsstrategien zu bewirken.

Wurde geklärt, was zu vereinfachen ist, stellt sich als Nächstes die Frage: Warum? Was ist der Grund für die Vereinfachung? Soll die Bedienung für den Nutzer vereinfacht werden? Oder ist es das Ziel, die Herstellungskosten zu senken? Soll der Schulungsaufwand halbiert werden? Will man die Fehleranfälligkeit reduzieren? Oder soll der Prozess beschleunigt werden? Gleichzeitig mit der Frage nach dem Warum muss festgelegt werden, für wen etwas einfacher gemacht werden soll: Für alle Kunden oder nur für bestimmte Kundengruppen? Für die Partnerunternehmen? Für die Lieferanten? Für die Mitarbeiter?

▶Einfachheit kann auch bedeuten, dass etwas für eine Gruppe zwar einfacher wird, für eine andere jedoch komplizierter.

Nehmen wir als Beispiel den automatischen Check-in, den immer mehr Fluggesellschaften anbieten: Die Fluggäste reservieren Ihren Sitzplatz bereits bei der Onlinebuchung und erhalten daraufhin die Boardkarte automatisch per E-Mail zum Ausdrucken oder als mobile Bordkarte aufs Smartphone. Das Angebot eines «Home printed baggage tag» gibt den Fluggästen darüber hinaus die Möglichkeit, die Gepäcketikette für das Reisegepäck zu Hause auszudrucken, entsprechend einer auf der Etikette abgebildeten Anleitung zu falten und in einem zur Verfügung gestellten Plastikhalter am Koffer anzubringen. Am Flughafen kann das Gepäck dann eigenhändig bei einem Automaten oder Bag-Drop-Schalter ohne längere Wartezeiten aufgegeben werden.

Es ist offensichtlich, wem die Vereinfachung in erster Linie dient: der Fluggesellschaft, die zahlreiche Arbeitsschritte an den Kunden delegieren konnte. Auch geübte Vielreisende profitieren von den Neuerungen: Sie können wertvolle Zeit am Flughafen sparen, weil das nervenaufreibende Anstehen in langen Warteschlangen zum Teil entfällt. Die Kundengruppe der erfahrenen Reisenden gewinnt somit trotz eines persönlichen Mehraufwands ein gewisses Maß an Einfachheit. Für ältere Personen, die vielleicht alle zwei Jahre einmal verreisen, oder für Reisende aus dem asiatischen Raum, die nun plötzlich in Zürich an einem Automaten einchecken müssen, wird eine Flugreise jedoch komplizierter.

▶Stellen Sie die Vereinfachungsfrage zu Beginn jedes Vereinfachungsprozesses: Was muss für wen warum einfacher werden?

Einfach die Kontrolle behalten

Vereinfachungsprozesse sind nur dann effizient, wenn sichergestellt ist, dass der Fokus der Vereinfachung auf jene Bereiche gerichtet ist, die man selbst unter Kontrolle hat oder die man zumindest beeinflussen kann. Basierend auf einem Modell des US-amerikanischen Autors Stephen Covey lassen sich drei mögliche Handlungsspielräume unterscheiden, die man als konzentrische Kreise darstellen kann.

Der «Circle of Concern» umfasst all jene Dinge, die Sie gedanklich beschäftigen – positiv wie negativ. Dinge, die Sie ärgern. Dinge, wo Sie Verbesserungspotenzial sehen. Dinge, die – aus welchem Grund auch immer – Ihre Aufmerksamkeit beanspruchen, die Sie aber nicht immer beeinflussen können. Der kleinere «Circle of Influence» umfasst all jene Dinge, auf die Sie direkt oder indirekt auch tatsächlich Einfluss nehmen und die Sie dadurch willentlich gestalten oder zumindest mitgestalten können. Der kleinste Kreis ist der «Circle of Control». Er umfasst alle Dinge, die Sie direkt und unmittelbar zu kontrollieren vermögen.

Spielt das Wetter für Ihr Befinden eine wichtige Rolle? Dann ist es Pech für Sie, dass das Wetter außerhalb Ihres Einflussbereichs liegt – es sei denn, Sie sind wie die chinesischen Machthaber während der Olympischen Spiele in Peking in der Lage, mit Silberjodid-Flugabwehrkanonen von Ihrem Garten aus Regenwolken abzuschießen. Da die Wahrscheinlich-

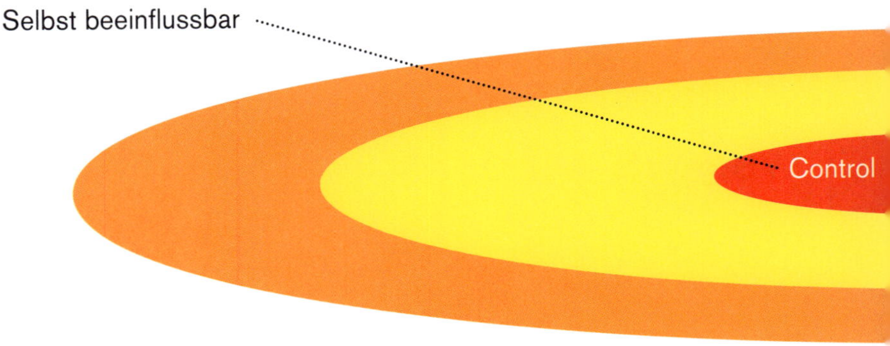

keit hierfür nicht allzu groß ist, dürfen wir an dieser Stelle mit gutem Gewissen die Hypothese aufstellen: Dem Wetter sind Sie ausgeliefert. Was Sie jedoch beeinflussen können, ist die Wahl Ihres Wohnorts. Wenn Sie diesen von Hamburg nach Palma de Mallorca verlegen, steigt die Wahrscheinlichkeit, dass Sie in den Genuss von vielen sonnigen Tagen kommen. Direkt unter Ihrer Kontrolle liegt Ihre Reaktion auf einzelne Wetterereignisse. Wenn Sie sich am Morgen wetterfeste Kleider anziehen, können Sie tagsüber viel einfacher dem Regen trotzen – oder Sie konzentrieren sich bei typischem Hamburger Schietwetter auf Indoor-Aktivitäten.

Der gleichen Logik unterliegen auch Vereinfachungsprozesse. Folgende zwei Fragen gilt es deshalb vor dem Start zu klären:

▶Können wir die Situation, die wir vereinfachen wollen, auch tatsächlich beeinflussen? Wenn ja: Gelingt uns die Einflussnahme mit einem Aufwand, der es uns wert ist?

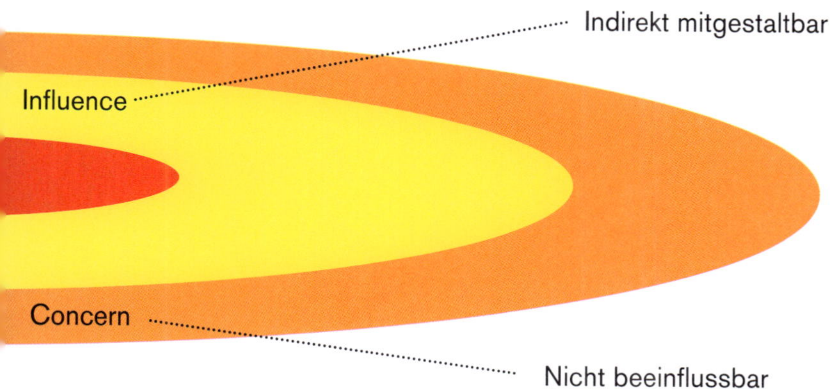

Wie erreicht man Einfachheit?

Einfachheit wird erreicht, wenn Produkte und Prozesse – beziehungsweise Teile davon – entschlackt, restrukturiert, ersetzt oder ergänzt werden. Die konkreten Handlungsoptionen, die Ihnen hierfür zur Verfügung stehen, haben wir in fünf Prinzipien der Einfachheit und insgesamt 14 Vereinfachungsstrategien zusammengefasst. Das detaillierte Vorgehen, wie damit Dinge vereinfacht werden können, wird im zweiten Teil, dem Hauptteil dieses Buchs, ausführlich beschrieben. Einfachheit zu erreichen kann kurzfristig sehr kostenintensiv sein, wenn zum Beispiel ganze Produktpaletten neu gestaltet werden müssen. Langfristig soll die erreichte Einfachheit die finanzielle Investition in Form von Mehrverkäufen oder weniger Reparaturen jedoch wieder einspielen. Manchmal muss man auch bereit sein, bezüglich Funktionalität Abstriche zu machen, wenn das Ziel Einfachheit ist.

▶ Oft muss im Sinne der Einfachheit auf eine Funktionalität verzichtet werden, die zwar gut ist, eine Sache aber wesentlich komplizierter macht. Hier ist die zentrale Frage: Wird durch die neue Einfachheit mehr gewonnen, als durch die Abstriche verloren geht?

Prototypen: Einfach mal testen

Vereinfachungsstrategien werden mit dem Ziel angewendet, konkrete Vereinfachungsideen zu generieren. Diese Ideen müssen so schnell wie möglich einem Lösungscheck unterzogen werden. Dabei steht immer die Frage im Zentrum: Ist es denn auch wirklich einfacher geworden?

Im Laufe eines Vereinfachungsprozesses werden oft Ideen hervorgebracht, die zwar gut und innovativ sind, jedoch nichts einfacher machen. Im Gegenteil: Manchmal verkomplizieren Ideen die Ausgangslage sogar noch, was ausdrücklich nicht das Ziel eines Vereinfachungsprozesses ist. In solchen Fällen gilt es, diese Ideen für die Zukunft zwar nicht zu verlieren – die nicht passenden Ideen also in einem Ideenspeicher abzulegen. Der Fokus im aktuellen Vereinfachungsprozess muss aber ausschließlich auf die Ideen gelegt werden, die tatsächlich etwas einfacher machen.

▶Damit eine Vereinfachungsidee getestet werden kann, muss sie zuerst in einem Ideen-Steckbrief ausformuliert und danach so schnell wie möglich fassbar gemacht werden.

Lösungsideen auf die angestrebte Vereinfachung hin zu überprüfen: Das geht am besten mit einem Prototyp. Prototypen sind Rohversionen des Endprodukts zu Testzwecken. Das müssen keinesfalls aufwendige Konstruktionen sein. Meistens erfüllt auch eine rudimentäre Skizze auf einer Papierserviette oder eine simple Bastelei aus Pappmaschee, Knetmasse oder Styropor die Funktion eines Prototyps. Man spricht in solchen Fällen von «very fast prototyping». Der unfertige Eindruck eines sehr einfachen Prototyps hat Vorteile: Sie werden nicht nur mehr Feedbacks und relevantere Verbesserungsvorschläge erhalten, als bei einem Prototyp, der schon marktreif erscheint, sondern auch eine Menge Entwicklungskosten sparen. Übrigens: Für jede Idee gibt es den passenden Prototyp. Dienstleistungen kann man beispielsweise mit einem Rollenspiel sehr gut simulieren.

Wichtig ist, dass umgehend ein erster Prototyp erstellt wird, sobald eine Vereinfachungsidee mithilfe eines Ideensteckbriefs klar umrissen ist. Je schneller man einen Prototyp hat, desto besser kann man die Idee zeigen, diskutieren und verbessern. Mit einfach gebauten Mustern lassen sich wichtige erste Erfahrungen machen – die Einfachheit wird erlebbar.

Die Umsetzung von Vereinfachungsideen

Am Schluss eines Vereinfachungsprozesses steht die Frage: Welche Vereinfachungsideen sind die besten und wie werden diese umgesetzt? Hierfür werden die verschiedenen Vereinfachungssteckbriefe und Prototypen miteinander verglichen und priorisiert: Welche Ideen bringen viel und können schnell für wenig Geld umgesetzt werden? Für welche Idee gibt es weiteren Klärungsbedarf? Welche Ideen werden zurückgestellt?

Da es sich bei einem Vereinfachungsprozess um einen iterativen Prozess handelt, kann es sein, dass es an dieser Stelle am meisten Sinn macht, einen Schritt zurückzugehen und mit anderen Vereinfachungsstrategien nochmals neue Vereinfachungsideen zu generieren. Die Ideen werden kontinuierlich optimiert, Schwachpunkte nach und nach ausgemerzt.

Am Ende des iterativen Vereinfachungsprozesses steht eine funktionierende einfachere Lösung.

▶Aus der Vereinfachungsidee wird eine Innovation, die auf dem Markt oder im Unternehmen als neue allgemeine Vorgabe auf breiter Front eingeführt wird.

«Einfachheit ist ansteckend»

Stefan Kirch hat für die DB Netz AG, den Deutschen Traditionsanbieter der Schiene, das Projekt Einfachbahn initiiert. Sein Ziel: Das System Schiene – eines der komplexesten Systeme überhaupt – sukzessive zu vereinfachen. Wie man ein Vereinfachungsprojekt erfolgreich führt und was das Ganze mit Romeo und Julia zu tun hat, erklärt Stefan Kirch im folgenden Gespräch.

Herr Kirch, was bedeutet Einfachheit für Sie persönlich?

Einfachheit bedeutet für mich «Intelligenz» – es geht darum, Dinge durch schlaue Einfälle und Modifikationen besser zu machen. Im besten Fall bemerkt der Kunde die Intelligenz hinter der Einfachheit gar nicht. Sie bleibt für ihn unsichtbar. Das ist intelligente Einfachheit.

Die DB Netz AG ist für die Schieneninfrastruktur der Deutschen Bahn verantwortlich. Wie wichtig ist für das Unternehmen Einfachheit?

Sehr wichtig. Das System Schiene an sich ist sehr komplex. Diese Komplexität schlägt sich in über 30.000 Seiten Richtlinien, Nutzungsbedingungen und anderen Regelwerken nieder, welche von einem Nutzer der Schiene zu beachten sind. Zum Vergleich: Im System Straße sind es gerademal 1.000 Seiten, in der Binnenschifffahrt 3.000 Seiten. Der Zugang zum System Schiene ist also sehr kompliziert. Das wollen wir jetzt ändern. Einfachheit ist deshalb in der neuen Unternehmensstrategie eine von drei gleichberechtigten Säulen neben Qualität und Kapazität.

Für die DB Netz AG haben Sie das Programm Einfachbahn initiiert. Welche Ziele wollen Sie damit erreichen?

Wir müssen das Bahnsystem in Summe wieder attraktiv machen, und das bedeutet für uns in erster Linie, den Zugang zum System radikal zu vereinfachen. Unser Ziel ist es, die wahrgenommene Komplexität deutlich zu reduzieren. Damit wollen wir die Markteintrittsbarrieren absenken und Marktanteile gewinnen. Wichtig dabei ist, dass wir unseren Kunden die für sie relevanten Informationen immer zielgerichtet und für die jeweilige Situation passend aufbereitet zugänglich machen.

Was muss man sich genau darunter vorstellen?

Stellen Sie sich ein Theater vor, in dem die Tür zugemauert ist und Sie sich durch eine Dachluke abseilen müssten, um in den Zuschauerraum zu kommen. Würden Sie unter solchen Voraussetzungen überhaupt noch ins Theater gehen? Wenn Sie im Theater drin sind, sollten Sie als Kunde eigentlich bequem im Publikum sitzen, während sich hinter den Kulissen für Sie unsichtbar der gesamte Betriebsablauf abspielt. Auf der Bühne sehen Sie nur die Schauspieler und Requisiten, die es für eine Szene auch wirklich braucht. Zum Beispiel Romeo und Julia und der Balkon. Die Familie Montague ist hier nicht gefragt und bleibt deshalb auch konsequent hinter dem Bühnenbild. Übersetzt ins System Schiene bedeutet das: Unsere Kunden brauchen einen einfachen Zugang und in den einzelnen Geschäftsvorgängen immer nur die Informationen, die auch tatsächlich benötigt werden.

Als Symbol für das Projekt Einfachbahn haben Sie die Banane gewählt. Warum?

Die Banane ist ein Sinnbild für Einfachheit. Sie kann roh geerntet werden, ist gut zu transportieren, hinterlässt keine Spuren. Warum werden mehr Bananen als Kokosnüsse gegessen? Weil sie sehr einfach im Zugang ist! Alles, was Sie zum Essen brauchen, haben Sie schon dabei: die eigenen Hände. Mehr braucht's nicht. Daneben ist es in einem Großkonzern natürlich auch eine kleine Provokation: Bananen auf Power-Point-Folien erzeugen Aufmerksamkeit.

Vor welchen Herausforderungen steht man als Führungsperson, wenn man ein Simplicity-Projekt erfolgreich starten will?
Wie bei vielen Projekten braucht man für die Umsetzung der Ideen Geld, Ressourcen und Geduld. Dass einfache Lösungen häufig gute Lösungen sind, ist vielen intuitiv klar. Eindeutige kaufmännische Zusammenhänge herzustellen, ist aber sehr schwierig. Um wie viel müssen wir «einfacher» werden, damit wir unseren Marktanteil um 1 % steigern können? Das ist nahezu unmöglich vorauszusagen. Man muss hier anders überzeugen.

Welche drei Tipps können Sie anderen mitgeben, damit man mit einem Vereinfachungsprojekt möglichst gut aus den Startlöchern kommt?
Erstens: Bauen Sie schnell einen Prototyp! Gerade weil es bei Vereinfachungsprojekten so schwierig ist, kaufmännische Zusammenhänge im Voraus klar zu berechnen, lassen sich mit einem Prototyp die Vorteile sehr anschaulich zeigen. Unser allererster Prototyp konnte mehr als 7.000 Seiten kundenrelevante Dokumente ersetzen und kostete gerade mal einen vierstelligen Betrag. Durch die Vorher-Nachher-Sicht (7.000 Seiten versus einfaches Tool) konnten wir das Management von der Sinnhaftigkeit von Einfachheit überzeugen.

Zweitens: Das Vereinfachungsprojekt sollte nahe an der Regelorganisation stattfinden, damit die Leute fürs Projekt begeistert werden. Trotzdem sollte immer auch über die eigene Organisationseinheit hinaus gedacht und gearbeitet werden. Sonst entsteht nur ein neuer Silo.

Drittens: viel kommunizieren! Tue Gutes und rede darüber – das steckt häufig viele andere an.

Wenn Sie selber als Privatperson unterwegs sind: Was ist Ihnen zu kompliziert?
Die Ticketautomaten im Nahverkehr – das ist eine Qual! Das ist im Ausland oft viel leichter. Da gibt's keine Tarifzonen und Sonderlocken. Sondern einfach nur einen Knopf und einen Preis und schon heißt es: losfahren!

Wann haben Sie zum letzten Mal gedacht: Das ging jetzt aber erstaunlich einfach!

Beim Einrichten meines letzten Fernsehers, einem Android-TV. Da waren alle Einstellungen, alle Präferenzen durch mein Log-in bei Google bereits da. Keine stundenlange Sendersuche, keine endlosen Einstellungen, sondern sofort purer Fernsehspaß!

Stefan Kirch, DB Netz AG
www.einfachbahn.com

Zweiter Teil: Die fünf Prinzipien der Einfachheit und deren Strategien

Vergangenheit betrachten	WEGLASSEN
Tätigkeiten delegieren	
Dinge streichen	
Neue Ordnung schaffen	RESTRUKTURIEREN
Module und kleine Einheiten bilden	
Masse und Ausnahmen separieren	
Dinge kombinieren	ERGÄNZEN
Nutzen hinzufügen	
Dinge verstecken	
Grundlegendes wegdenken	ERSETZEN
Dimension verändern	
Konzept übertragen	
Zeit gefühlt verkürzen	WAHRNEHMEN
Bekanntes übernehmen	

Die Prinzipien und ihre Systematik

STATUS QUO

WEGLASSEN
S. 88 – 127

RESTRUKTURIEREN
S. 128 – 169

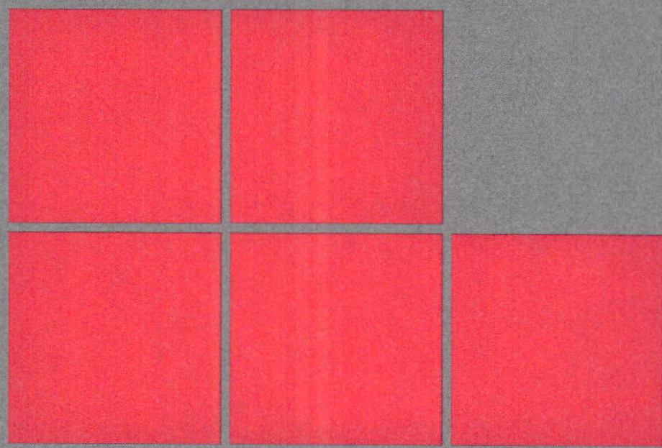

Einfachheit
Schlüssel

Eleganz.

ist der

jeder wahren

Coco Chanel

Eine Frage des Prinzips

Was Sie bereits wissen: Viele bestehende Produkte, Dienstleistungen, Prozesse und Geschäftsmodelle sind kompliziert, mit Nebensächlichem überfrachtet, umständlich und wenig effizient. Was Sie nun brennend interessieren dürfte: Was kann konkret getan werden, um sie zu vereinfachen?

Die schlechte Nachricht: Ein Patentrezept hierfür gibt es nicht. Die gute Nachricht: Ihnen stehen ganz viele unterschiedliche Rezepte zur Verfügung! Die auf den ersten Blick vielleicht erstaunlichste Erkenntnis: Einfachheit erreicht man nicht ausschließlich, indem man Dinge wegnimmt. Auch das Hinzufügen von gewissen Sachen kann zu mehr Einfachheit führen.

Im Folgenden stellen wir Ihnen fünf Prinzipien der Einfachheit mit insgesamt 14 Vereinfachungsstrategien vor. Jedes Prinzip umfasst zwei bis drei Strategien. Während jedes Prinzip als grundsätzliche Denkrichtung und Handlungskategorie verstanden werden kann, mit der man sich mit dem Vereinfachungsprozess auseinandersetzt, stel-

len die einzelnen Strategien konkrete Handlungsoptionen dar, mit denen die gewünschte Einfachheit erreicht werden kann. Die Strategien sind die Werkzeuge in der Simplicity-Werkzeugkiste. Genauso wie ein Handwerker zu unterschiedlichen Werkzeugen greift, wenn er eine Wand spachteln oder einen Boden schleifen will, führt die Frage, was vereinfacht werden soll, zum Einsatz unterschiedlicher Strategien.

Einzelne Strategien sind in ihren Stoßrichtungen sehr verschieden. Andere Strategien wiederum unterscheiden sich nur in Nuancen. Es ist auch möglich, dass unterschiedliche Strategien zum gleichen Ziel führen, wobei es nicht immer von vorneherein klar ist, welche Strategie bei welcher Ausgangslage am ehesten Erfolg verspricht. Nicht jede Strategie kann von anderen immer trennscharf abgegrenzt werden. Die verschiedenen Prinzipien und Strategien können mit Scheinwerfern verglichen werden, mit denen eine Bühne ausgeleuchtet wird. Die Scheinwerfer sind an unterschiedlichen Orten in der Konzerthalle angebracht – jeder Einzelne leuchtet einen bestimmten Teil der Bühne aus. Dabei kommt es immer zu größeren oder kleineren Überschneidungen der Lichtkegel. Es lohnt sich deshalb in jedem Fall, eine Aufgabenstellung aus dem Blickwinkel unterschiedlicher Prinzipien zu betrachten und die Anwendung verschiedener Strategien zu prüfen.

Wagen Sie sich ruhig auf die Äste hinaus

Einfachheit lässt sich mit einem Baum mit allen seinen Bestandteilen vergleichen: mit Wurzeln, einem Stamm, Haupt- und Nebenästen, Früchten und einer dazu gehörenden Tierwelt.

Wurzeln

Die Wurzeln stehen für die gelebte Unternehmenskultur und die übergeordnete Unternehmensstrategie. Sie nehmen die für den Vereinfachungsprozess lebenswichtigen «Nährstoffe» auf und leiten diese über den Stamm (Unternehmensführung, Mitarbeiter) zu den Ästen weiter (Prinzipien der Einfachheit). Das Bekenntnis aller Mitarbeiter eines Unternehmens zur Einfachheit kann nur aus einer entsprechenden Unternehmenskultur erwachsen. Deshalb muss Einfachheit zwingend Teil der Unternehmensstrategie sein und als ein echter Nutzen betrachtet werden. Das Management und die gesamte Belegschaft müssen davon überzeugt sein, dass einfache Produkte, Dienstleistungen und Prozesse bedeutende Faktoren für den langfristigen Erfolg sind.

Stamm

Das Management trägt die Verantwortung, dass geeignete Rahmenbedingungen für die Umsetzung einer Einfachheitsstrategie geschaffen werden. Es definiert Ziele, Strukturen und Verhaltensvorgaben. Die Mitarbeiter ihrerseits setzen die Strategie der Einfachheit um. Sie entwickeln innerhalb der gesetzten Rahmenbedingungen einfache Produkte und Prozesse oder vereinfachen Bestehendes.

Hauptäste

Die Hauptäste stellen die fünf Prinzipien der Einfachheit dar – grundsätzliche Denk- und Handlungskategorien, die konkrete Strategien zum Erreichen von mehr Einfachheit zusammenfassen. Sie sind die Lebensadern des Baums. Ohne sie gelangen keine Nährstoffe zu den Früchten (einfache Produkte, Dienstleistungen, Prozesse).

Nebenäste

Die Nebenäste symbolisieren die einzelnen Vereinfachungsstrategien – konkrete Handlungsoptionen, die zu mehr Einfachheit führen.

Früchte

Die Früchte jeder mittels konkret angewandter Strategie herbeigeführten Vereinfachung sind einfache Produkte, Dienstleistungen und Prozesse, die immer die betriebliche Effizienz erhöhen und den Unternehmenserfolg vergrößern. Aus den Samen der Früchte entstehen neue Bäume. Der Kreislauf von einfachen Produkten, Dienstleistungen und Prozessen führt zu weiteren Vereinfachungsinnovationen.

Tierwelt

Die Tiere stehen sinnbildlich für alle Kunden, Konsumenten, Nutzer, Anwender, Mitarbeiter, Partnerunternehmer, Lieferanten, die von der neuen Einfachheit profitieren. Diese neue Einfachheit führt zu weniger Aufwand, größerer Zufriedenheit, weniger Reklamationen, weniger Stress, weniger Fehlern und besseren Leistungen.

einfache Prozesse
Erfolg
Nutzen hinzufügen
Dinge kombinieren
Wirkungsprinzip übertragen
Dinge verstecken
Vergangenheit betrachten
ERGÄNZEN
Tätigkeiten delegieren
Dinge streichen
WEGLASSEN
Ziele
Mindset

gendes wegdenken
Dimension verändern
Neue Ordnung schaffen
einfache Produkte
Effizienz
Module und kleine Einheiten bilden
Ausnahmen separieren
RESTRUKTURIEREN
Bekanntes übernehmen
WAHRNEHMEN
Zeit verkürzen

WEGLASSEN

Was nicht gebraucht wird und keinen oder wenig Mehrwert bietet, wird ersatzlos gestrichen.

Vollkommenheit
nicht dann,
nichts mehr
kann,
wenn man
mehr
kann.

entsteht
wenn man
hinzufügen
sondern
nichts
wegnehmen

Antoine de Saint-Exupéry

Es geht auch ohne

Vorsprung durch Verzicht: Das Internet macht es vor.

Man muss kein Technik-Nerd oder Digital Native sein, um die Funktionsweise des Internets in seinen Grundzügen zu verstehen. Zum Beispiel, dass es einen Webbrowser braucht, um im Netz von Webseite zu Webseite zu surfen. Der Browser – das weiß jedes Kind – ist der Schlüssel zum Internet. Er ist das große Fenster, durch das die bunte Welt des World Wide Web für den User erst sichtbar wird.

Ohne Browser geht nichts – so viel ist klar!

Wirklich? Spricht man mit Internetspezialisten und Zukunftsforschern, bekommt man anderes zu hören. Der Grundtenor: Für den guten alten Webbrowser wird es eng! Chrome, Firefox, Internet Explorer und Safari? Allesamt veraltete Technologien! URLs? Viel zu kompliziert! Webseiten? Auslaufmodelle! Hyperlinks? Bald schon überflüssig!

Sie halten das für unrealistische Fantastereien? Dann schauen Sie mal auf Ihr Smartphone! Die vielen Apps, die Sie auf Ihrem Mobilgerät geladen haben, sind im Prinzip nichts anderes als eine Art abgespeckte Mini-Browser, die Ihnen einen unkomplizierten, schnellen und bequemen Zugang zum Internet ermöglichen.

Die Ansprüche an traditionelle Webbrowser wurden über die Jahre immer größer. Filme schauen, Videos schneiden, Bilder bearbeiten, Musik hören, gamen, shoppen, chatten, telefonieren – alles sollte direkt im Internetfenster machbar sein. Diese Arbeitsspeicher fressende Überfülle an Funktionen und Programmen hatte ihre Schattenseiten. Die Browser wurden schwerfällig, absturzgefährdet und anfällig für Sicherheitslücken.

Apps sind der schlanke Gegenentwurf zu den behäbigen Web-Dinosauriern namens Browser. An die Stelle eines einzigen riesigen Fensters, das einem das gesamte Internet erlebbar macht, treten viele kleine Fenster. Kleine, zielgerichtete Internetanwendungen, die in sich geschlossen und von jedem überflüssigen Funktionsballast befreit sind. Es ist diese Reduziertheit – dieser selbst gewählte Verzicht auf unnötige Zusatzfunktionen –, die die Apps in ihrer Handhabung so einfach und bequem macht.

Weniger Freiheit, mehr Effizienz

Gemäß Studien sind weltweit immer mehr Menschen mit einem Mobilgerät oder Tablet im Internet unterwegs. Ganz klassisch mithilfe eines Desktop-Computers bewegt sich nur noch eine Minderheit im Word Wide Web. Und diese Minderheit wird immer kleiner.

Ein sich gegenüber der Vergangenheit deutlich verändertes Nutzerverhalten führt in den meisten Fällen über kurz oder lang zu Anpassungen am Produkt. So erfährt zum Beispiel die klassische Webseite gerade einen schmerzlichen Bedeutungsverlust.

Jahr für Jahr verschwinden Millionen von Internetpräsenzen aus dem Web. Zwar bedeutet eine autonom betriebene Webseite auch heute noch größtmögliche inhaltliche und gestalterische Freiheit. Aber nur, wenn man überhaupt fähig ist, diese technisch zu unterhalten – und es dem Marketing gelingt, dass anvisierte Zielpublikum auch tatsächlich auf die Webseite zu locken.

Das alles kostet Aufwand. Aufwand, den man heute leicht und gewinnbringend delegieren kann. An Supernetze wie Facebook etwa. Hier werden Marketing- und Werbemöglichkeiten sowie die gezielte Ansprache von Nutzern in denkbar einfachen Tools bereitgestellt. Wie praktisch: Potenzielle neue «Freunde» (bzw. Kunden) sind bei Facebook & Co. im Lieferumfang enthalten, man muss nicht mehr selbst danach suchen.

Die autonome, äußerst bunte, aber stellenweise auch verwirrende virtuelle Spielwiese, die «das Internet» einmal war, macht mehr und mehr einem geordneten, zielgerichteten und maximal userfreundlichen Netz Platz. Sozial-virale Megaplattformen wie Facebook, Twitter oder Instagram geben im Netz den Ton an. Die Effizienz siegt über die Freiheit – das Einfache über das Komplizierte. Die smarte Losung «Reduce to the max» gibt auch im World Wide Web die Richtung vor.

Niemand weiß, wie das Internet in 20 Jahren tatsächlich aussehen wird. Wichtige beobachtbare Trends – Zugang zum Internet über Smartphone statt Desktop-Computer, Teilnahme an globalen Supernetzen statt autonomer Betrieb von individuellen Webseiten, vermehrtes Aufkommen von Apps – zeigen jedoch eindrücklich das große Wirkungspotenzial, das in den drei Strategien des Prinzips «Weglassen» steckt: dem Betrachten der Vergangenheit, dem Delegieren von Tätigkeiten und dem Streichen von Dingen.

▶Die Strategien des Prinzips «Weglassen» sind nicht zuletzt wegen ihrer radikalen Konsequenz erfolgreich: Der Kundennutzen wird erhöht, weil Dienstleistungen schneller begreifbar und abgewickelt, Prozesse schlanker und Produkte intuitiver in der Handhabung werden. Alte Gewohnheiten werden gekappt und an neue Gegebenheiten angepasst.

Strategie «Vergangenheit betrachten»: Weg mit den alten Zöpfen!

▶Prüfen Sie, ob Dinge, die früher gültig waren, es auch heute noch sind.

Wer viel reist und dabei ab und zu mit dem Taxi unterwegs ist, weiß: In New York sind die Taxis gelb. In Peking erkennt man sie am orangefarbenen Rand und in Berlin präsentieren sie sich in einem Farbton, der offiziell den schönen Namen «Hellelfenbein» trägt.

In London sind die berühmten Black Cabs unterwegs. Auch wenn die legendären Taxis mittlerweile nicht mehr zwingend schwarz sein müssen, scheinen sie mit ihrer oldtimerhaften Karosserieform trotzdem wie aus der Zeit gefallen. Black Cabs sind die Zeppeline unter den Taxis. Selbst eine Giraffe könnte es sich in der gewaltigen Fahrgastkabine problemlos bequem machen. «Warum bloß so viel Platz?», wundert sich der beeindruckte London-Besucher. Die Antwort findet man in der Vergangenheit: Früher mussten die Londoner Taxis so gebaut werden, dass Dame und Herr während der Fahrt einen Hut tragen konnten. Auch wenn sich die Mode über die Jahrzehnte komplett geändert hat: An die neuen – eher hutlosen Gegebenheiten – wurde die Karosserie der Black Cabs bis heute kaum angepasst.

TAXI

▶Die Strategie «Vergangenheit betrachten» hilft Ihnen, Ihre Produkte, Dienstleistungen und internen Prozesse einem gründlichen Gegenwartscheck zu unterziehen.

Ob im Alltag oder im Geschäftsleben: Viele Dinge sind nur deswegen so, weil es «schon immer so war». Arbeitsabläufe und interne Prozesse werden nicht hinterfragt, weil man es «schon immer so gemacht hat». Ohne Grund die Komfortzone der lieb gewonnenen Routine verlassen – wieso sollte man das tun? Warum etwas ändern, wenn es doch funktioniert?

In Unternehmen mit seit Jahren eingespielten Betriebsabläufen und bewährten Produkten ist der Weg zu mehr Einfachheit deshalb oft kein einfacher. Vor allem dann nicht, wenn Probleme, denen zu komplizierte Prozesse oder Produktausstattungen zugrunde liegen, (noch) nicht akut sind. Solange man durch offensichtliche Problembereiche nicht zum Handeln gezwungen wird, hält man am Status quo fest. Schließlich gab es in der Vergangenheit gute Gründe, warum gewisse Prozesse implementiert und Produkte in genau dieser Form auf den Markt gebracht wurden. Bloß: Sind diese Gründe auch heute noch gültig? Sind die betrieblichen Rahmenbedingungen und das Marktumfeld noch immer dieselben? Wird überhaupt noch produktiv und effizient gearbeitet? Macht es wirklich Sinn, so weiterzumachen, wie bisher? Oder ist es an der Zeit, alte Zöpfe abzuschneiden?

▶Um mehr Einfachheit zu erreichen, sollte die Strategie «Vergangenheit betrachten» regelmäßig angewendet werden. Prüfen Sie damit sämtliche Aspekte Ihres Unternehmens, nicht nur die offensichtlichen Problembereiche. Auch scheinbar bewährte Abläufe und Dinge bergen oft ein großes Vereinfachungspotenzial in sich. Um dieses zu erkennen, kann es sinnvoll sein, Querdenker und Außenstehende in den Vereinfachungsprozess miteinzubeziehen.

Impulsfragen für die Strategie «Vergangenheit betrachten»:

Brauchen wir das noch?

Hat sich die Technologie weiterentwickelt?

Welche von unseren Dienstleistungen werden immer weniger in Anspruch genommen?

TUN WIR ES EINFACH, WEIL WIR ES SCHON IMMER TATEN?

Welche Umweltfaktoren haben unseren Geschäftsgang in den letzten Jahren nachhaltig beeinflusst?

WAS IST AN MEINEM PRODUKT NICHT STATE OF THE ART?

Was basiert bei uns auf traditionellen Werten?

gibt es alte Gewohnheiten, die unseren Arbeitsprozess komplizierter machen?

Können wir den bewährten Prozess neuen Gegebenheiten anpassen?

Aus Tradition gut?

Stellen Sie sich vor: Sie sitzen im angesagtesten Restaurant der Stadt. Die spektakulären kulinarischen Kreationen des gefeierten Starkochs versprechen einen unvergesslichen Hochgenuss und die aufsehenerregende Weinkarte versetzt Sie in Begeisterung. Der Sommelier des Hauses hat Ihnen einen superben Spitzentropfen aus Frankreich empfohlen – Sie freuen sich bereits aufs Probieren. Mit gebührender Feierlichkeit wird Ihnen die Weinflasche präsentiert. Die Weinetikette sieht edel aus – Ihr Weinliebhaber-Herz beginnt höher zu schlagen.

Doch dann passiert das Undenkbare: Statt die Weinflasche stilvoll mit einem Korkenzieher zu entkorken, dreht der Sommelier an einem profanen Schraubverschluss. Auf Ihrem Gesicht macht sich Entsetzen breit. So etwas Stilloses hätten Sie in diesem Spitzenrestaurant nicht erwartet.

Die Frage nach dem «richtigen» Verschluss für eine Weinflasche zeigt, wie Traditionen innovativen Vereinfachungen manchmal im Weg stehen können. Denn rein rational betrachtet weist ein Schraubverschluss gegenüber einem herkömmlichen Naturkorken viele Vorteile auf: Die Flasche lässt sich ganz einfach ohne Werkzeug öffnen und die Gefahr eines korkenden Weins ist gebannt. Aus rein qualitativer Sicht sind Schraubverschlüsse heute wohl die beste Verschlussart für fast alle Weine.

Ihr großer Nachteil aber ist ein emotionaler: Nach wie vor vermitteln Schraubverschlüsse ein Billigimage und rauben dem Wein ein Stück Kultur. Die lieb gewonnene Zeremonie des Entkorkens fällt weg. Eine Flasche Wein zu entkorken ist ein gesellschaftlicher und kultureller Akt und die Frage nach dem technisch besten Verschluss kann dadurch zur Nebensache werden.

MAISON
LATOUR
PROPRIETE
ESPANA
Mis en Bouteille
à la
MIS EN
47018
13 18

Als der aus der englischen Industriestadt Coventry stammende Hersteller der Black Cabs einen Insolvenzantrag stellen musste, geriet die Frage, ob die archaischen Londoner Taxi-Schlachtschiffe mit ihrem laut nagelnden Dieselmotor und dem sagenhaften Leergewicht von mehr als zwei Tonnen überhaupt noch zeitgemäß sind, ebenfalls zur Nebensache. Die Angst, dass nach den roten Doppeldeckerbussen ein weiteres rollendes Nationalheiligtum aus dem Londoner Straßenbild verschwindet, trieb ganz England um. Umso größer war die Erleichterung, als die Black Cabs in extremis im Jahr 2013 gerettet werden konnten. Selbst der nicht ganz unbedeutende «kleine» Schönheitsfehler, dass die Taxis nun vom chinesischen Automobilkonzern «Geely» hergestellt werden, vermochte die Freude nur unmerklich zu trüben.

▶ Bei der Strategie «Vergangenheit betrachten» muss die Bedeutung von Traditionen immer mitberücksichtigt werden. Traditionen können ausschlaggebend dafür sein, dass rational sinnvolle Vereinfachungen bewusst nicht vollzogen werden.

15
Aldwych
Fleet Street
St Paul's Cathedral
TOWER HILL
EMERGENCY EXIT
15
TURN TO OPEN

Der Fortschritt von heute ist die Tradition von morgen

Das sorgfältige Abwägen zwischen dem emotionalen Wert einer Tradition und dem Nutzen einer innovativen Vereinfachung macht die Strategie «Vergangenheit betrachten» zum Erfolg.

E-Books

Lesen ohne das haptische Gefühl, ein echtes Buch in den Händen zu halten, konnte man sich lange nicht vorstellen. Entsprechend kam der Verkauf von E-Readern in unseren Breitengraden nur schleppend in Gang. Ganz im Gegensatz zu den USA, wo das digitale Buch schnell zum Millionengeschäft wurde. Mittlerweile ist auch bei uns ein stark wachsender Marktanteil von E-Books am Buchmarkt festzustellen. Anwenderfreundliche, intuitiv zu bedienende E-Reader begeistern nicht nur die technikaffine junge Generation, sondern mehr und mehr auch den pragmatischen Leser, der sich stets Gedanken macht, wohin er sein nächstes Bücherregal stellen soll, und irgendwann merkt, dass das E-Book sein Problem lösen könnte.

Moderne Kochinseln

Früher waren Backofen und Herd immer eine Einheit. Mit gutem Grund, diente doch das Feuer als gemeinsame Hitzequelle. Obwohl mit dem Aufkommen elektrischer Küchen diese starre Geräteeinheit nicht mehr nötig war, wurde sie noch über Jahrzehnte beibehalten. Erst der Mut, sich von diesem sinnlos gewordenen Bauprinzip zu lösen, machte den Weg frei für moderne Küchen mit freistehenden Kochinseln und vielseitigen getrennten Küchenkomponenten, die deutlich mehr Bedienungskomfort bieten.

Abgasuntersuchung

Die Abgasuntersuchung bei Autos ist im Prinzip nicht mehr nötig. Heute werden entsprechende Fehlermeldungen durch elektronische Regelsysteme übermittelt.

Türöffnung für Autos

Der typische Autoschlüssel ist heute technisch überflüssig und nicht mehr notwendig. Trotzdem werden die meisten Autos immer noch mit einem Schlüsselsystem ausgeliefert. Eine innovative Alternative sind Kartensysteme, die mehrere Funktionen haben, wie zum Beispiel das Öffnen, Schließen und Starten des Autos. Doppelter Vorteil: Die Hände bleiben frei und die Karte kann gut verstaut werden.

Internet-Shopping

Onlineeinkaufsmöglichkeiten für praktisch alles machen den Weg ins Geschäft überflüssig.

Postversand

Klassische Briefmarken waren früher die einzigen Wertzeichen für den Postversand. Heute gibt es verschiedene Möglichkeiten, einen Brief zu frankieren. Der Gang zur Post ist nicht mehr nötig.

Reisewecker und Taschenrechner

Früher gehörten sie in jedes Reisegepäck bzw. jede Arbeitsmappe: Ein Reisewecker oder ein Standardtaschenrechner. Heute braucht fast niemand mehr diese praktischen elektronischen Helfer. Dafür besitzt fast jeder ein Smartphone, das über die nötigen Weck- und Rechenfunktionen verfügt.

Abholstationen

Ladenöffnungszeiten sowie die lästige Präsenzpflicht, wenn man sich Waren nach Hause liefern lässt: Beides wird durch Abholstationen hinfällig, wo die Übergabe von vorher bestellten Produkten unkompliziert vollzogen wird.

Onlinestreaming

Kein Film ohne Fernseher: Das war einmal. Dank Online-Streaming-Diensten wie Netflix können heutzutage Serien und Filme flexibel auf jedem Gerät mit Internetanschluss angeschaut werden, auf denen eine entsprechende App installiert ist. Smart-TVs, Spielkonsolen, Streaming-Player, Smartphones und Tablets verdrängen das klassische Fernsehgerät.

Strategie «Tätigkeiten delegieren»: Wer kann's am besten?

▶ Was durch Übertragen an eine andere Stelle vereinfacht werden kann, wird ausgelagert.

Warum immer ich? Dass diese Frage durchaus ihre Berechtigung hat, merkt man schon als Kind. Spätestens bei der Diskussion, wer den Tisch abräumen, das Geschirr abwaschen und den Müll runtertragen soll, entdecken gewitzte Dreikäsehochs den Vorteil des Delegierens. Warum soll ich machen, was von meinen Geschwistern ebenso gut erledigt werden kann?

Wir wollen nicht in Abrede stellen, dass es den Kids bei ihrem Bestreben, Aufgaben an andere zu übertragen, nicht auch um Einfachheit geht – um ein einfaches, bequemes Leben frei von lästigen Pflichten.

Um das bloße Vermeiden von Aufwand geht es bei der Strategie «Tätigkeiten delegieren» jedoch nicht. Delegieren per se bedeutet noch keine Vereinfachung. Nur wenn das Delegieren einer Tätigkeit insgesamt die Effizienz steigert, die Unabhängigkeit vergrößert oder die Zufriedenheit verstärkt, kann Einfachheit erreicht werden.

▶Das Delegieren von Tätigkeiten führt nur dann zu mehr Einfachheit, wenn der Prozess dadurch über alle Stufen hinweg effizienter oder beglückender gestaltet werden kann. Wird ein Problem, das sich im eigenen Bereich als Hindernis erweist, lediglich «ausgelagert», stellt sich insgesamt kein Nutzen im Sinne von Simplicity ein.

Damit die Strategie «Tätigkeiten delegieren» zum Erfolg führt, kommt man an einer genauen Analyse der Ausgangslage nicht vorbei. Dabei geht es immer um die Frage, ob eine Tätigkeit, ein Prozessschritt oder ein Produktbestandteil zwingend von uns selbst ausgeführt, übernommen oder produziert werden muss. Oder ob etwas vom Bestehenden abgelöst und anderswohin übertragen werden kann – mit dem Ziel, das Ganze oder Teile davon zu vereinfachen. Zwei Aspekte sind bei dieser Fragestellung von zentraler Bedeutung: Was kann an wen und wohin delegiert werden? Und: Wer profitiert davon? Denn wie bei jeder Vereinfachungsstrategie muss auch hier vorab geklärt werden: Für wen soll etwas überhaupt einfacher gemacht werden? Für die Kunden? Für die Mitarbeiter? Für die Zulieferer?

Impulsfragen für die Strategie «Tätigkeiten delegieren»:

Was müssen wir auslagern, damit wir das Produkt schneller produzieren können?

KANN UNSER KUNDE WÄHREND DER WARTEZEIT ETWAS SELBER ERLEDIGEN?

Wo lässt sich ein Arbeitsschritt delegieren, damit die Dienstleistung günstiger angeboten werden kann?

welche Tätigkeit kann der Lieferant / Kunde für uns übernehmen?

WELCHE TÄTIGKEITEN KÖNNEN BESSER DURCH DRITTE WAHRGENOMMEN WERDEN, DAMIT UNSERE FLEXIBILITÄT STEIGT?

Ihr neuer Mitarbeiter: der Kunde!

Ein Einkauf in einem Supermarkt kann eine ziemlich stressvolle Angelegenheit sein. Wer schon einmal an einem Samstag in einer nicht enden wollenden Warteschlange vor einer der viel zu wenigen bedienten Kassen angestanden hat, kann ein Lied davon singen. Denn selbstverständlich geht es ausgerechnet in der Schlange, in der man selbst steht, nicht vorwärts. Ein Wechsel rüber zu einer anderen Warteschlange bringt nichts. Denn es ist immer die eigene Warteschlange, die ins Stocken kommt. Zügig voran geht es nur in den Warteschlangen nebenan – so will es ein unverrückbares Naturgesetz.

Was für eine Wohltat sind demgegenüber Self-Scanning-Systeme, die das mühsame Anstehen an der Kasse überflüssig machen. Mittels Handscanner oder Smartphone kann der Kunde während des Einkaufens alle Artikel selbst scannen und danach direkt in seine Einkaufstaschen verstauen. Netter Ebeneffekt: Der kumulierte Einkaufsbetrag ist während des Einkaufens laufend ersichtlich. Bezahlt wird am Schluss des Einkaufs bargeldlos an einem Selbstbedienungsterminal.

Ebenfalls im Kommen sind Self-Check-out-Systeme, wo der Kunde am Schluss des Einkaufs seine Waren bei einer Selbstbedienungskasse einscannt und bezahlt. Im Vergleich zu konventionellen Kassen ist der Platzbedarf einer Selbstbedienungskasse deutlich geringer. Durch die dadurch ermöglichte höhere Kassenanzahl lässt sich die Wartezeit spürbar reduzieren.

Ob Self-Scanning oder Self-Check-out: Beide Systeme hinterlassen beim Kunden auf den ersten Blick den Eindruck einer gelungenen Vereinfachung, durch welche er Zeit und Nerven spart. Erst auf den zweiten Blick wird ihm klar, an wen hier eigentlich Tätigkeiten delegiert wurden: nämlich an ihn selbst. Die (vermeintliche) Vereinfachung für den Kunden entpuppt sich als nichts anderes als eine gut durchdachte betriebliche Rationalisierungsmaßnahme. Indem der

Kunde Tätigkeiten übernimmt, die früher von Mitarbeitern hinter der bedienten Kasse übernommen wurden, lassen sich die Personalkosten einer Supermarktfiliale deutlich senken und die Mitarbeiter flexibler in anderen Arbeitsbereichen einsetzen. Durch das Reduzieren von Warteschlangen und Wartezeit kann gleichzeitig ein offensichtlicher Stressfaktor für den Kunden minimiert werden, was das Einkaufen für ihn trotz Mehraufwand zumindest gefühlt einfacher macht.

▶Durch das geschickte Delegieren von Tätigkeiten an den Kunden lässt sich die betriebliche Effizienz steigern und gleichzeitig die Inanspruchnahme der Dienstleistung für den Kunden gefühlt einfacher machen.

Eine Delegation von Tätigkeiten an den Kunden ist jedoch nur dann sinnvoll, wenn dieser durch sein Wissen und seine Erfahrung befähigt ist, die an ihn delegierte Tätigkeit auch wirklich autonom auszuführen.

2.3.2.2 Ihr neuer Mitarbeiter: der Kunde!

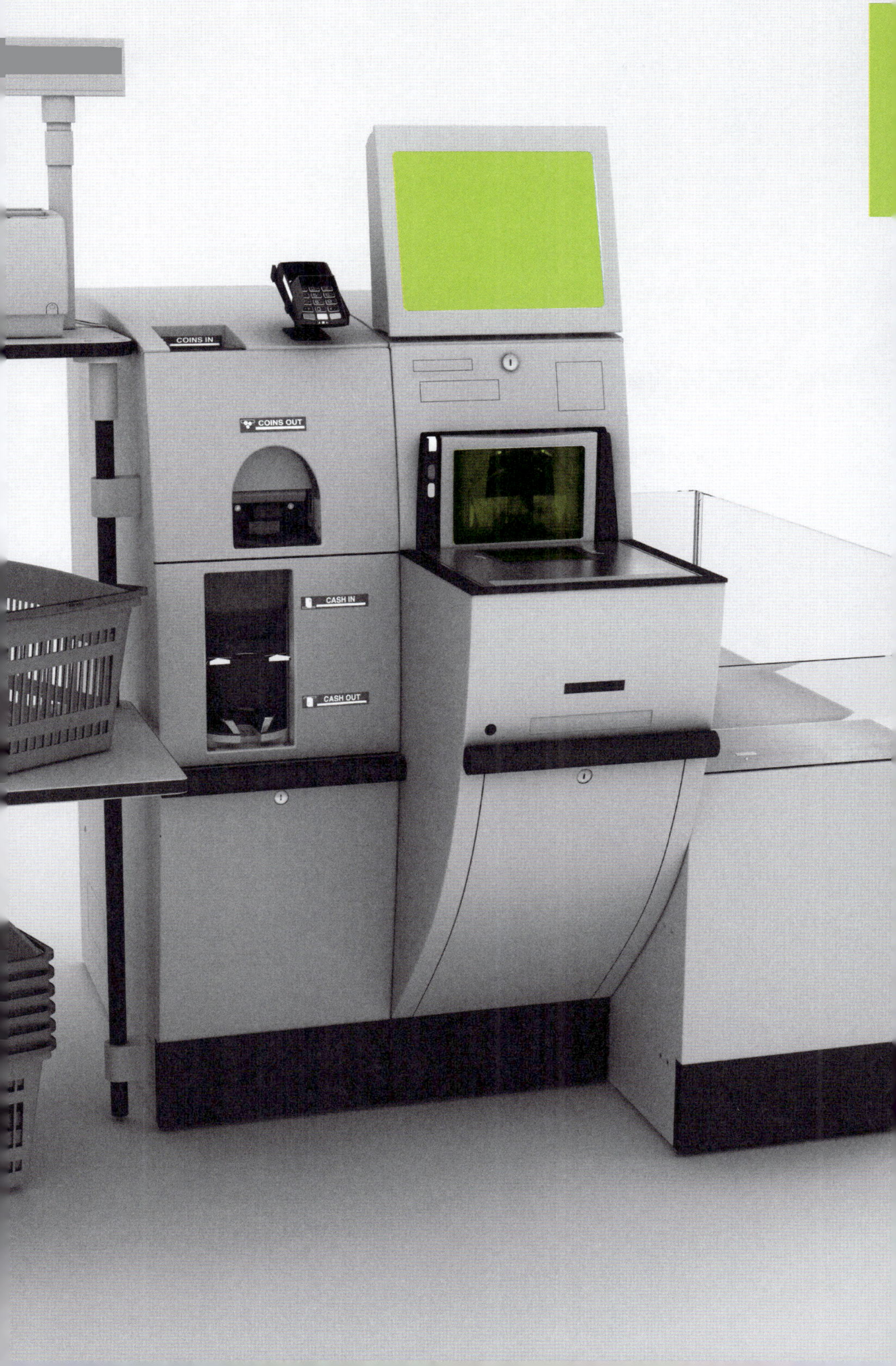

Wer gut delegiert, hat bestens investiert

Wird mehr Einfachheit durch das Delegieren von Tätigkeiten herbeigeführt, erhöht das die Marktchancen gleich doppelt: Die Betriebsabläufe werden effizienter und der Kundennutzen erhöht sich.

Nahtloses Reisen

«Seamless Travel», nahtloses Reisen: Das will der Flughafen Zürich möglich machen. Damit die Passagiere möglichst schnell und selbstständig verreisen können, werden sämtliche Schritte zwischen Check-in und Flugzeug automatisiert. Nachdem bereits eine Mehrheit der Reisenden über Computer, Smartphone oder an Automaten eincheckt, wird Swiss-Passagieren nun auch eine elektronische Gepäckaufgabe angeboten. Der Airport spart Geld, der Reisende Zeit.

Homeshopping

Der Kunde bestellt die gewünschten Lebensmittel online und innerhalb eines bestimmten Zeitfensters werden diese vom Lieferanten nach Hause geliefert. Es wird orts- und zeitunabhängig bestellt und bestimmt, wann die Ware geliefert wird. Das Ergebnis: ein geringerer Stressfaktor beim Einkaufen und Zeitersparnis. Der Routineeinkauf wird ausgelagert und der Kunde hat nun zusätzlichen Freiraum für andere Aktivitäten.

Tickets

Tickets für Flug, Kino, Bahn, Konzerte etc. werden online gebucht. Der Kunde erfasst seine Daten mit einer Zahlungsanweisung und entscheidet, ob er das Ticket sofort ausdrucken möchte oder es sich schicken lässt – per Post, elektronisch als MMS, Electronic Ticket oder mit Barcode. Das bedeutet eine Vereinfachung für den Anbieter und den Kunden.

E-Police

Wo ist der nächste Polizeiposten? Diese Frage müssen Sie heutzutage nicht mehr stellen. Anzeigen für Bagatelldelikte wie zum Beispiel einen Fahrraddiebstahl können auf einem Webportal über E-Formulare erfasst und der Polizei jederzeit übermittelt werden.

Push-Benachrichtigungen

Politische Newsmeldungen, Börsendaten, Wetterberichte, Sportresultate etc. erscheinen als Push-Benachrichtigungen auf dem Smartphone, ohne dass man die jeweilige App öffnen muss.

Versicherungen

Anträge für Versicherungen werden online getätigt. Der klassische Papierkrieg fällt weg.

Audioführer

Der Audioführer im Museum oder beim Besuch von Sehenswürdigkeiten übernimmt die Funktion des Museums- bzw. Fremdenführers.

Strategie «Dinge streichen»: Wer braucht das schon?

▶Bestehende Elemente oder Funktionen werden auf ihre Notwendigkeit geprüft und gegebenenfalls ersatzlos gestrichen.

Einfachheit kann Leben retten! Das zeigt sich nicht zuletzt bei modernen Hausnotrufsystemen. Hausnotrufsysteme sind elektronische Meldesysteme, die mit einer Notrufzentrale verbunden sind. Sie geben Pflegebedürftigen, Älteren und allein lebenden Personen die Möglichkeit, sich in Notlagen bemerkbar zu machen – und zwar auch dann, wenn das Telefon nicht mehr rechtzeitig erreicht werden kann.

Das A und O solcher Notrufsysteme: die einfache intuitive Handhabung! Nichts soll den Anwender in seiner Notlage verwirren und vom Wesentlichen ablenken – vom unkomplizierten Organisieren schneller Hilfe! Trotzdem sorgte der Wettbewerb dafür, dass sich viele Notrufdienste im Lauf der Zeit zu Anbietern von breit gefächerten Serviceleistungen entwickelten: Der Anschluss von Einbruch-, Feuer-, Bewegungs-, Kontakt- und Gasmeldern, Weckdienste, Erinnerungen an Medikamenteneinnahme und spezielle Menüservices gehörten mit der Zeit ebenfalls zum Angebot. Die Geräte wurden unüberschaubarer, die Einweisung anspruchsvoller, die Handhabung insgesamt komplizierter. Zu kompliziert für manchen Hilfsbedürftigen in Notlage, was

Verbraucherzentralen in Deutschland zum Ratschlag vorab an ältere Leute veranlasste, Zusatzleistungen von Notrufdiensten kritisch zu hinterfragen.

Es muss nicht immer um Leben und Tod gehen – manchmal nerven Produkte mit überflüssigen Zusatzfunktionen auch einfach nur. Die Kaffeemaschine mit Internetanschluss; das Navigationsgerät, das eine Diashow mit Fotos aus dem digitalen Familienalbum abspielt; das Handy, dessen Oberfläche sich auf Knopfdruck in einen Schminkspiegel verwandelt.

Viel Überflüssiges bieten auch Computer-Betriebssysteme. Oder haben Sie in Ihrem Leben schon einmal Internet-Reversi gespielt? Die zahlreichen Zusatzprogramme, mit denen Betriebssysteme oft überladen werden, lassen das Gesamtpaket auf den ersten Blick hochwertiger erscheinen. Doch auf den meisten Computern bleiben viele der zusätzlichen Anwendungen ungenutzt und fressen grundlos Platz auf der Festplatte und dem Arbeitsspeicher.

Heutzutage wird die Fähigkeit zum Hervorbringen von Innovationen oft mit einer möglichst kreativen Produkteentwicklung gleichgesetzt. Das kann zu einem sogenannten Over-Engineering führen, das Produkte hervorbringt, die mit aus Kundensicht überflüssigen Funktionen überfrachtet sind. Überflüssige Zusatzfunktionen können eine entscheidende Ursache dafür sein, dass sich Innovationen im Markt nicht durchsetzen. Der Kundennutzen nimmt ab und der große Funktionsumfang verursacht hohe Kosten.

Viele Nutzer wünschen sich heute intuitiv bedienbare Geräte, die man auch ohne das Studieren eines komplizierten Manuals in Betrieb nehmen kann. Durch die Anwendung der Strategie «Dinge streichen» werden Produkte, Dienstleistungsangebote und Geschäftsideen auf das Wesentliche reduziert. Man trennt sich von Dingen, die nicht wirklich benötigt werden, und verzichtet bewusst auf Zusatzfunktionen, die wenig oder nie in Anspruch genommen werden.

▶Die Strategie «Dinge streichen» führt zu mehr Einfachheit, indem Zusatzfunktionen oder Serviceleistungen, die vom Kunden wenig oder nicht genutzt werden oder überflüssig geworden sind, ersatzlos gestrichen werden.

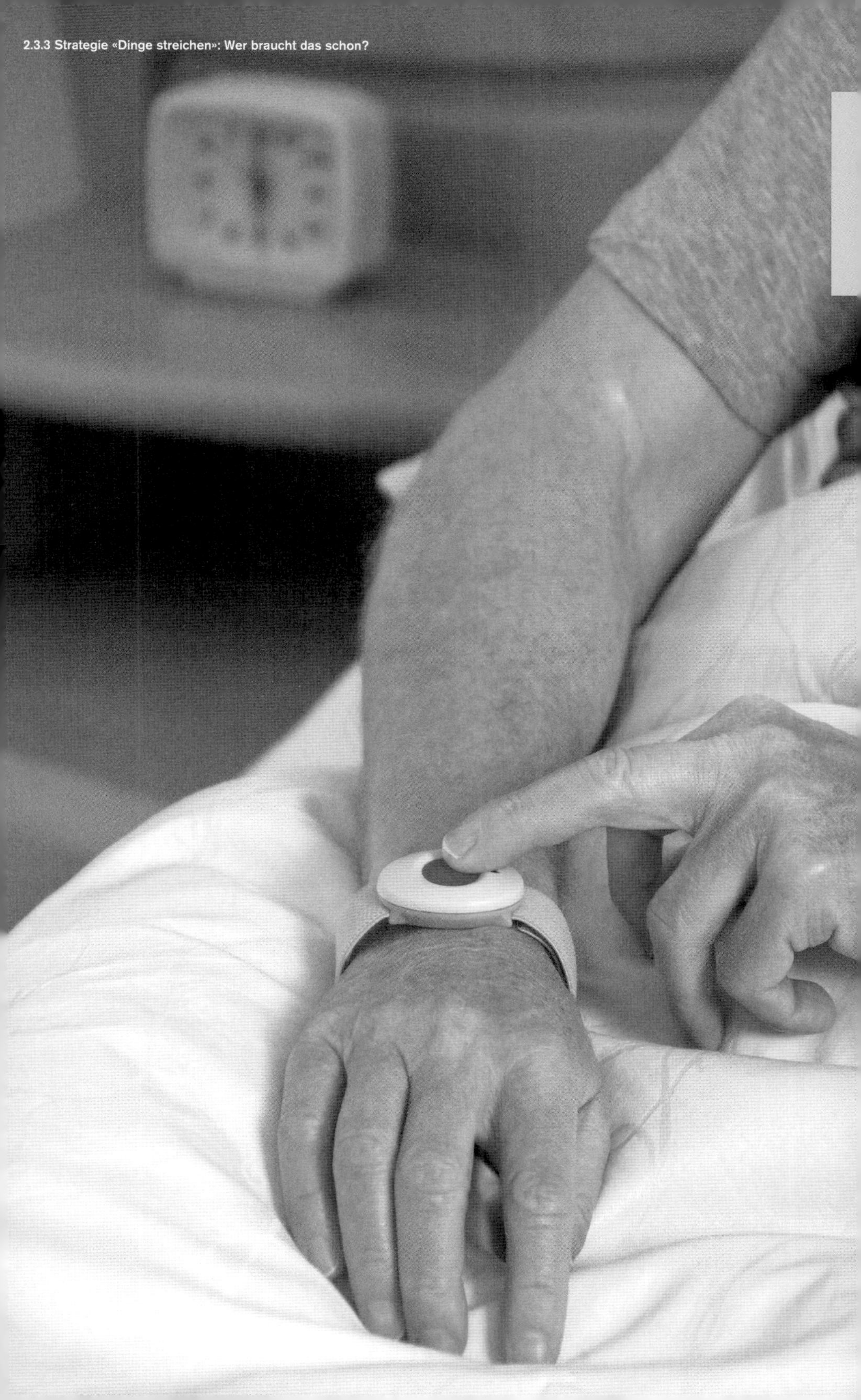

Impulsfragen für die Strategie «Dinge streichen»:

WELCHER SCHRITT IM PROZESS KANN OHNE QUALITÄTSEINBUSSE GESTRICHEN WERDEN?

WAS KÖNNEN WIR OHNE UMSATZEINBUSSE WEGLASSEN, UM DIE FLEXIBILITÄT ZU ERHÖHEN?

Wie kann unser Kunde das Produkt auf Anhieb richtig bedienen?

Was findet auf Kundenseite am wenigsten Anklang?

WELCHE KOMPLEXEN FRAGEN WERDEN UNS VOM NUTZER ZUM PRODUKT GESTELLT?

Was ist nicht wirklich nötig?

Wenn fünf Funktionen gestrichen werden müssten: Welche wären es?

WELCHE FUNKTIONEN WERDEN AM WENIGSTEN GENUTZT?

Einfachheit kann sich sehen lassen!

Vergleicht man Webseiten von vor 15 Jahren mit Webseiten von heute, stellt man verwundert fest: Man erkennt sie nicht wieder! Früher waren Webseiten kreative Feuerwerke, die den User mit aufsehenerregenden Flash-Intros, witzigen Mouseover-Effekten und verrückten Animationen in den Bann zogen. Heute regieren Nüchternheit und Pragmatismus. Internetpräsenzen mit Baujahr 2016 führen den Nutzer schnellstmöglich zum gewünschten Content. Ablenkungen und Umwege sind unerwünscht, bergen sie doch nur die Gefahr in sich, dass der ungeduldige User entnervt wegklickt. Spielerische Elemente, die früher einen Internetauftritt einzigartig machten, sind nicht mehr gefragt – die Webseiten, die «State of the Art» sind, gleichen sich wie ein Ei dem andern.

Bestes Beispiel für einen erfolgreichen gestalterischen Purismus: die meistbesuchte Webseite der Welt! Bei der Suchmaschine Google verwirren keine Werbebanner oder blinkenden Features das Nutzerauge, wie das oft bei Mitbewerbern der Fall ist. Ein einfaches Suchfeld mit dem Firmennamen genügt – nichts lenkt vom Wesentlichen ab.

▶ Einfachheit kann durch ein minimales, schlichtes Design erreicht werden. Die gestalterische Reduktion auf das Wesentliche macht Produkte nutzerfreundlich.

Es ist jedoch nicht nur der Zeitgeist, der zur gestalterischen Einfachheit im Internet führt. Der «sanfte» Druck der Webindustrie hilft mit. So erhalten seit Neustem Webseiten, die zu kompliziert gestaltet sind und sich deswegen auf Smartphones und Tablets nicht gut darstellen lassen, schlechtere Rankings im Google-Index. Zu einer Abwertung führen beispielsweise unpassende Schriftgrößen, Navigationselemente, die sich nicht gut mit dem Finger auf einem berührungssensitiven Bildschirm bedienen lassen, oder Inhalte, die auf Mobilgeräten in der Regel nicht dargestellt werden können – wie beispielsweise Adobe Flash.

Erfolgreiches Streichkonzert

Das ersatzlose Streichen von überflüssigen Zusatzfunktionen und Serviceleistungen, die nicht genutzt werden, kann aus verschiedenen Gründen zum Erfolg führen: die Nutzerfreundlichkeit von Produkten, Dienstleistungen und Geschäftsmodellen wird erhöht; unnötige Kosten werden vermieden.

Seniorentelefon

Viele ältere Menschen nutzen ihr Mobiltelefon ausschließlich zum Telefonieren. Meistens rufen sie auch immer die gleichen drei bis fünf Nummern an. Wozu also noch weitere Features, die sowieso nicht genutzt werden? Durch das Weglassen von Funktionen kann das Gerät einfacher gestaltet und die Sichtbarkeit und Haptik verbessert werden. Das Gerät wird auf seinen ursprünglichen Nutzen reduziert: das Telefonieren. So passieren weniger Tippfehler und der Nutzer fühlt sich nicht überfordert.

Uhr

Zusatzfunktionen wie Stoppuhr, Tiefenmesser und Barometer kommen aus der Mode. Die Uhr wird wieder zum reinen Zeitanzeiger.

Verkehrsschilder

Darwinismus im Straßenverkehrs-Schilderwald: Unwichtige Schilder und Signale werden entfernt, um die Aufmerksamkeit für die wichtigen zu erhöhen.

Krankenversicherung

Nur das Nötigste: die Grundversicherung ohne Zusatzversicherungen.

MP3-Player

Das Ladegerät eines MP3-Players wird weggelassen. Der Player wird bequem über den USB-Anschluss am Computer geladen, während man gleichzeitig seine Musik verwaltet.

Bedienungsanleitungen

Bedienungsanleitungen oder Softwaretreiber werden nicht mehr physisch, zum Beispiel in Form eines Handbuchs oder einer CD, beigelegt. Stattdessen steht online immer die aktuelle Version zum Herunterladen zur Verfügung.

Computermaus

Statt aus vier Tasten und einem Rädchen besteht die moderne Computermaus nur noch aus einer einzigen Taste.

Fahrkartenkontrolle

In Stadtgebieten der Schweiz wird die Funktion des Fahrkartenkontrolleurs als Dauerbesetzung im Zug gestrichen. Es werden nur noch Stichproben durchgeführt.

Skipasskontrolle

Am Skilift wird die Skipasskontrolle abgeschafft, weil jeder, der sich im Gebiet aufhält, sowieso einen Skipass für die Anreise benötigt.

Rechnungsbelege

In zahlreichen Geschäften, zum Beispiel im Apple-Shop, werden keine physischen Rechnungsbelege mehr ausgedruckt. Der Beleg wird dem Kunden als PDF an seine persönliche E-Mail-Adresse geschickt.

PRINZIP WEGLASSEN

Der Kundennutzen wird erhöht, weil Dienstleistungen schneller begreifbar und abgewickelt, Prozesse schlanker und Produkte intuitiver in der Handhabung werden. Alte Gewohnheiten werden gekappt und an neue Gegebenheiten angepasst.

Strategie «Vergangenheit betrachten»

Es wird geprüft, ob Dinge, die früher gültig waren, es auch heute noch sind.
Diese Strategie eignet sich für das Hinterfragen sämtlicher Ausgangslagen. Sie kann bereits bei der Situationsanalyse am Anfang des Vereinfachungsprozesses stehen.

Strategie «Tätigkeiten delegieren»

Was durch Übertragen an eine andere Stelle vereinfacht werden kann, wird ausgelagert.
Diese Strategie kann bei der Analyse eines bisherigen Prozesses, aber auch bei der Gestaltung einer neuen Dienstleistung sehr wertvoll sein.

Strategie «Dinge streichen»

Bestehende Elemente oder Funktionen werden auf ihre Notwendigkeit geprüft und gegebenenfalls ersatzlos gestrichen.
Diese Strategie führt zu mehr Einfachheit, erhöht den Kundennutzen und senkt unnötige Kosten.

RESTRUKTURIEREN

Eine Reihenfolge wird geändert, Teilschritte oder Funktionen werden neu gegliedert, Prioritäten neu gesetzt.

Keep simple,

Clarence Johnson

it

stupid!

Alles einmal kräftig durchschütteln

Erfolgreich restrukturieren: Wie man von Jogi Löw lernen kann.

Erinnern Sie sich an die Fußballweltmeisterschaft 2014 in Brasilien? Sehr wahrscheinlich – wenn Sie aus Deutschland kommen, sogar ganz sicher. Wie könnte man den Triumph der Deutschen Nationalmannschaft auch nur vergessen?

Einen nicht unwesentlichen Anteil am deutschen Erfolg hatte Bundestrainer Joachim «Jogi» Löw. Das Turnier war für Deutschland nämlich lange Zeit alles andere als ein Sonntagsspaziergang. Ein bescheidenes Unentschieden gegen Ghana, ein mickriger Minisieg gegen die USA, der mühsame Gang in die Verlängerung gegen Algerien: In den ersten Spielen war eine Menge Sand in Deutschlands taktischem Getriebe.

Doch dann wirbelte Jogi Löw seine Mannschaft kräftig durcheinander. Er wagte mit seiner Stammelf einen Systemwechsel und ließ einige Spieler auf neuen Positionen auflaufen. So beorderte er seinen Kapitän Philipp Lahm, den er zuvor zur Überraschung vieler stur im Mittelfeld spielen ließ, zurück auf die rechte Verteidigerposition. Jérôme Boateng rückte in der Verteidigung in die Mitte und Bastian Schweinsteiger übernahm im Mittelfeld die Position von Lahm.

Eine simple Rollenumverteilung für drei Spieler und sofort änderte sich die gesamte Spielanlage grundlegend. Die Angriffsauslösung gelang plötzlich viel einfacher, der Spielaufbau wurde variabler, das Pressing effizienter – und das, obwohl noch immer die gleichen Spieler wie zu Beginn des Turniers auf dem Feld standen. Der Rest der WM war für Deutschland dann ein einziges Schaulaufen, das im denkwürdigen 7:1-Sieg gegen Brasilien und dem Finalsieg gegen Argentinien gipfelte.

Als Fußballfan freut man sich über das goldene taktische Händchen von Jogi Löw. Aus Simplicity-Sicht lautet das Fazit: Der Bundestrainer hat seine Mannschaft erfolgreich restrukturiert!

▶Das Prinzip der Restrukturierung baut in vielen Fällen auf bestehenden Erfahrungen auf. Erfahrungswissen wird dabei bewusst mit neuen Sichtweisen konfrontiert, um etwas einfacher zu gestalten.

Der Begriff «Restrukturieren» hat in der Öffentlichkeit einen schweren Stand, muss er doch mit gewichtigen Imageproblemen kämpfen. Man hört ihn vornehmlich aus dem Mund von Wirtschaftsführern und profitfixierten Unternehmensberatern, die damit Sparübungen und Kostensenkungen umschreiben – Unternehmenskonsolidierungen, die aus Managementsicht ohne schmerzhafte Kahlschläge auf Personalebene oft nicht möglich scheinen.

Das Prinzip des «Restrukturierens» hat jedoch eine viel mächtigere und positivere Wirkung. Restrukturieren bedeutet nicht in erster Linie «Streichung», «Senkung» und «Entlassung», sondern «neu sortieren» oder «neu ordnen». Mehrwert schaffen, die Zufriedenheit vergrößern, Differenzierung oder sogar Einzigartigkeit herbeiführen: Das alles kann ein Ergebnis von Restrukturierung sein.

Vereinfachungen durch gezieltes Restrukturieren können ganze Branchen revolutionieren. So werden heute im Hausbau Fertigbauteile aus Beton verwendet, die früher noch mühsam vor Ort auf der Baustelle gegossen wurden. Zum Beispiel Treppen oder ganze Abwasserleitungen. Hier wurde der Ablaufprozess neu strukturiert, was auch auf angrenzende Tätigkeiten inklusive der gesamten Planung einen großen Einfluss hatte: Durch die Fertigung an einem Ort konnten die Abläufe erheblich vereinfacht und die Montage standardisiert werden.

▶ Die Grundidee des Prinzips Restrukturieren können Sie sowohl auf Prozesse als auch auf Produkte und Dienstleistungen anwenden. Entscheidend für den Erfolg ist, dass Bestehendes regelmäßig hinterfragt wird, auch wenn es vordergründig noch gut funktioniert.

Erfahrung
nichts.
Man kann
auch

machen.

heißt gar

seine Sache
35 Jahre
schlecht

Kurt Tucholsky

Strategie «Neue Ordnung schaffen»: Wir können auch anders

▶Überprüfen Sie bestehende Elemente und Funktionen in ihrer Anordnung oder Prozessfolge und ordnen Sie sie gegebenenfalls neu.

Gehören Sie zu den Menschen, die auch heute noch ab und zu Radio hören? Wenn man zum Beispiel schwitzend in der Küche steht, um für Freunde, die schon sehr bald sehr hungrig aufkreuzen werden, ein fulminantes Gästemenü vorzubereiten – dann kann ein wenig Hintergrundmusik den angespannten Gastgebernerven schon sehr gut tun. Und dann, ganz plötzlich, passiert's: Unverhofft rauscht ein Song durch den Äther, der Ihnen so gut gefällt, dass Sie ihn unbedingt kaufen wollen. Aber selbstverständlich geht die Ansage des Radiomoderators, um welchen Song es sich handelt, im Gebläse Ihres Dunstabzugs unter. Schnell im Internet die Playlist des Radiosenders checken liegt auch nicht drin, sonst verkohlt Ihnen das Filet Mignon. Was tun?

In Luzern ist die Lösung des Problems ganz einfach. Dort hat der lokale Radiosender 3FACH einen eigenen Schallplattenladen eröffnet – und zwar direkt in den Büroräumlichkeiten des Radiostudios. Das

Besondere daran: Die Vinyl-Scheiben werden nicht nach Künstlername oder Genre geordnet, sondern nach den Radiosendungen, in denen sie gespielt wurden. Das Prinzip einer Internet-Playlist, mit welcher heutzutage der Großteil der Radiohörer online nach einem bestimmten Song sucht, wurde somit für eine begrenzte Zielgruppe erfolgreich in den realen Raum übertragen. Sie können also beruhigt weiterkochen – Ihren neuen Lieblingssong finden Sie später ganz bestimmt.

Apropos kochen: Wie wär's, sich einmal an ein Gericht heranzuwagen, das Sie noch nie gekocht haben? Zum Beispiel an eine Brasilianische Capixaba – würde das nicht viel Spaß machen? Im Prinzip schon, wenn es nur nicht so mühsam wäre, im Supermarkt die vielen Zutaten für das exotische Gericht zusammenzusuchen! Abhilfe schaffen hier spezielle Lebensmittelläden in Berlin, Hamburg und anderen deutschen Städten, wo die Nahrungsmittel nach einzelnen Rezepten sortiert sind. Ob Thai Chicken, Gurken-Joghurt-Suppe oder Zitronen-Tiramisu: An frei stehenden Tischen voller frischer Zutaten finden Sie samt ausgedrucktem Rezept sofort alles, was Sie für ein bestimmtes Gericht brauchen – fein säuberlich zusammengestellt für jeweils zwei, vier oder mehr Personen.Ob Plattenladen oder Lebensmittelgeschäft: Beide Beispiele zeigen, wie durch eine neue Ordnung Dinge vereinfacht werden können.

▶Ordnung soll nicht rein zufällig entstehen. Sie verfolgt immer eine klare Zielsetzung.

Um etwas zu vereinfachen, sollte die bestehende Ordnung in regelmäßigen Abständen grundsätzlich hinterfragt werden. Der Anstoß dazu müssen nicht zwingend erkannte Probleme sein. Alleine die Tatsache, dass sich Umfeld und Technologien weiterentwickeln, erfordert eine ständige Überprüfung der bestehenden Zusammenhänge und Prozesse. So verwandelt beispielsweise die «Near Field Communication»-Technologie unsere Handys in Geldbörsen. Zahlungsprozesse werden dadurch vereinfacht – die Kartenzahlung am Terminal, wo zuerst umständlich der Geheimcode eingetippt und danach der Betrag mit einem OK bestätigt werden muss, wird obsolet. Als Benutzer halten Sie neu einfach Ihr Smartphone an einen NFC-Scanner. Statt mühsamer PIN-Eingabe oder Unterschrift können Sie so ohne weitere Authentifizierung einen Fahrschein kaufen oder an der Supermarktkasse bezahlen.

Wenn sich Prozesse etabliert haben, werden sie als selbstverständlich angesehen. Man hält sie für optimal, weil die Erfahrungen damit bislang gut waren. Das stellt aber immer auch eine Gefahr dar, weil Gewohnheiten oft Barrieren für Veränderungen sind. Mögliche Chancen neu zu erkennen kann demgegenüber bisher versteckte Potenziale freisetzen und neuen Nutzen schaffen.

▶Elemente oder Funktionen neu zu ordnen, ist eine oft angewendete Strategie. Bei einem radikalen Ansatz werden Funktionen oder Teilschritte grundsätzlich infrage gestellt. Der weniger weitgehende Ansatz ändert lediglich eine Reihenfolge oder fasst Funktionen zusammen.

Impulsfragen für die Strategie «Neue Ordnung schaffen»:

Welche Teilschnitte gehören nicht zwingend zusammen

Welche Teilschritte müssen in der Reihenfolge immer gleich ablaufen, welche nicht?

KÖNNEN WEGE, WARTEZEITEN VARIANTEN UND ANDERES PARALLELISIERT ODER INTEGRIERT WERDEN?

Welche Funktionen können im Prozessablauf anderweitig kombiniert werden?

WELCHE FUNKTIONEN KÖNNEN ZU EINER GRUPPE ZUSAMMENGEFASST WERDEN?

Welche Funktionen können parallel erfolgen?

Welche Umweltfaktoren haben sich verändert und welche Auswirkung hat das auf unsere Struktur?

Bezahlen, bitte!

In der Mittagspause einfach mal kurz raus aus dem Büro und im Restaurant um die Ecke etwas Kleines essen – manchmal tut das richtig gut! Wenn bloß das Bestellen und Bezahlen nicht immer so lange dauern würde, dass man ständig Angst haben muss, zu spät zur Arbeit zurückzukommen.

Dieser Nervenkitzel muss nicht sein: Dank elektronischer Hilfsmittel kann die Bestellabwicklung in Restaurants deutlich beschleunigt und vereinfacht werden. Die Bestellung wird direkt in einem Eingabegerät erfasst und online an das Kassensystem und in die Küche übermittelt. Will der Kunde bezahlen, wird die Abrechnung von der Bedienung ausgelöst und der Kassenzettel direkt am Tisch ausgedruckt. Die Laufwege des Servierpersonals zur Kasse und Theke werden spürbar reduziert, die Wartezeiten verkürzt und die Nerven der Gäste, die um 14 Uhr wieder dringend in einem Meeting sein sollten, geschont.

▶Die Strategie «Neue Ordnung schaffen» führt zu einfachen, effizienten und flexiblen Lösungen. Funktionen werden mit anderen Hilfsmitteln realisiert und Teilschritte fallen weg oder werden neu geordnet.

Anders erfolgreich

Räum mal wieder dein Büro auf! Was unordentlichen Mitarbeitern das Arbeitsleben einfacher macht, ist im übertragenen Sinn auch vielen Unternehmen zu empfehlen. Wie durch eine neue Ordnung Produkte, Dienstleistungen und Prozesse vereinfacht werden können, zeigen die folgenden Beispiele.

Brille in einer Stunde

Ab einem gewissen Alter geht mit einer Brille vieles einfacher. Aber wäre es nicht toll, wenn man in ein Optikergeschäft reingehen könnte und nach einer Stunde mit einer komplett neuen Brille wieder raus? Das ist nicht unmöglich! Bereits jetzt gibt es Optikergeschäfte, wo in einer kleinen, im Verkaufsraum integrierten Werkstatt die Brillengläser just in time gefertigt werden. Der gesamte Kaufabwicklungsprozess wird neu strukturiert – Funktionen werden zusammengefasst, Mitarbeiter mit neuen Kompetenzen ausgestattet. Vieles wird dadurch einfacher: Lange Transportwege und Schnittstellen zwischen verschiedenen Firmen fallen weg und für den Kunden gibt's nach dem Kaufentscheid keine mehrtägigen Wartezeiten mehr.

E-Government

Sie brauchen einen neuen Pass? So einfach wie heutzutage ging das noch nie. Sich beim Passbüro anmelden, persönlich vorbeigehen und vor Ort das Passfoto machen lassen – das können Sie sich alles ersparen. Der ganze Vorgang wurde unter Berücksichtigung neuer technischer Rahmenbedingungen neu geordnet: Heute buchen Sie online einen Slot und haben in einem automatisierten Prozess nach zehn Minuten Ihren neuen Pass beantragt, der Ihnen später zugeschickt wird.

Stempelservice

Stempel werden zusammen mit einem Gutschein für die Herstellung des jeweiligen Texts verkauft.

Kurzwahltasten

Unsere Kommunikation ändert sich, was zu Anpassungen an Tastaturen elektronischer Geräte führt. Zeichenkombinationen, die plötzlich regelmäßig gebraucht werden, werden neu geordnet: Zum Beispiel das «.com» beim iPhone oder länderspezifische Tasten wie «.de», «.ch» oder «.at». Aus mehreren einzelnen Zeichen entsteht somit eine neue Taste. Je nach Anwendungsfeld bekommt die Tastatur eine spezifische Ordnung; ausgewählte Tasten erhalten eine neue Priorität. Eine Tastatur zum Schreiben von E-Mails sieht entsprechend anders aus als eine Tastatur zum Schreiben von SMS.

Autoportale

Flexible Sortiermöglichkeiten nach Fahrzeugtyp, Baujahr oder Preis machen den Kauf eines Autos im Internet einfach.

Weinhandlung

In Weinhandlungen werden die Weine in der Regel nach Ländern sortiert. Das macht Weinliebhabern die Suche nach Weinen, die ihrem persönlichen Geschmack entsprechen, nicht immer ganz leicht. Ob ein Wein aus Italien, Spanien oder Portugal stammt, sagt über seine Nase, seine Aromen, seinen Körper und seinen Abgang alleine noch nicht sonderlich viel aus. Eine Alternative ist es deshalb, die Weine nach ihrem Charakter zu ordnen. Fruchtig-spritzige Weine hier, schwere tanninreiche Weine dort – und der Kunde weiß sofort, wo er suchen muss.

Strategie «Module und kleine Einheiten bilden»: Das passt!

▶Einheiten werden gezielt zu Modulen zusammengefasst oder in kleinere Einheiten zerlegt.

Um die Wirkungskraft der Strategie «Module und kleine Einheiten bilden» zu begreifen, reicht ein Blick in Kinderzimmer. So unterschiedlich diese auch aussehen und so unterschiedlich die Vorlieben ihrer kleinen Bewohner auch sind – etwas fehlt fast nirgendwo: Legosteine! Die kleinen bunten Bauklötze aus Dänemark sind so beliebt wie fast kein anderes Spielzeug. Nicht umsonst ist die Lego-Gruppe der größte Spielzeughersteller der Welt.

So simpel die Konstruktion eines Legosteins auch ist: Die Kreativität und Flexibilität, welche den kleinen Klötzchen innewohnt, ist fast unendlich. Ob Turm, Brücke, Eisenbahn, klassisches Symphonieorchester, Buckingham-Palast samt Queen, japanischer Science-Fiction-Kampfroboter, achtachsiges Allrad-Mondfahrzeug, zähnefletschender Tyrannosaurus Rex oder abendfüllender Animationsspielfilm – nichts, was man mit den bunten Steinen nicht hervorzaubern könnte. Schon nur zwei gleichfarbige Basis-Legosteine kann man auf 24 verschiedene Arten zusammenstecken. Besitzt man sieben Steine, hat man bereits über 85 Milliarden Möglichkeiten – und somit genug zu tun für den Rest des Lebens!

Fassen wir zusammen: Legosteine können auf unterschiedlichste Weise zusammengesteckt werden, hieraus ergeben sich unzählige Kombinationsmöglichkeiten. Diese Erkenntnis lässt sich für die Umsetzung von Einfachheit gut nutzen. Bei Apple weiß man das schon lang. Ladegeräte werden dort sehr effizient nach einem Lego-ähnlichen Baukastenprinzip gestaltet. So werden heute Notebookladegeräte immer mit einem separaten Kabel mit länderspezifischem Stecker geliefert. Die standardisierte Ladeeinheit kann so vielfach verwendet und in großen Stückzahlen hergestellt werden. Auch für den Kunden ergeben sich Vorteile: So muss er im Ausland nur ein Kabel mit passendem Stecker kaufen und nicht ein neues Ladegerät. Das Ladegerät kann flexibler eingesetzt werden, die Handhabung insgesamt wird einfacher.

▶Indem bewusst kleine Einheiten und Module geschaffen werden, vereinfacht sich die Handhabung eines Produkts. Eine Einheit ist in sich nicht mehr weiter unterteilbar. Ein Modul ist eine gezielte Zusammenführung von Einheiten, die flexibel weiterverwendet werden können.

Mit kleinen Einheiten und Modulen sind Sie auf der sicheren Seite. Und das ihm wahrsten Sinn des Wortes: Denken Sie nur an das beschädigte Elektrokabel eines Elektrowerkzeugs – so etwas kann lebensgefährlich sein und muss dringend von einem Fachmann repariert werden. Geht man jedoch mit der Idee einer funktionsbezogenen Modulbildung an das Problem ran, wird schnell klar, dass das Elektrokabel nicht zwingend ein fester Bestandteil des Elektrogeräts sein muss. Durch eine Standardsteckverbindung kann ein genormtes, günstiges und überall erhältliches Standardkabel verwendet werden. Dadurch wird der Austausch des Kabels erheblich vereinfacht. Es braucht keine Fachperson dafür und das Werkzeug ist sofort wieder funktionstüchtig. Der Einsatz der Maschine wird über verschiedene Einsatzbereiche einfacher.

Die Strategie «Module und kleine Einheiten bilden» eignet sich besonders gut, wenn eine Segmentierung von Technologien, Funktionen oder Dienstleistungen möglich ist. Durch die kreative Wahl der Segmentierungskriterien können neuartige und einfache Lösungen generiert werden. Um die Strategie anzuwenden, ist es jedoch nicht zwingend nötig, dass man die aktuelle Lösung als Ausgangspunkt für eine Vereinfachung nimmt. Produktvarianten können unter Berücksichtigung der Einfachheit auch von Grund auf neu entwickelt werden.

Bildet man kleine Einheiten und Module, wird das Produktdesign markanter, und die Wiedererkennungsrate steigt. Die Bauteile für Varianten verringern sich, was wiederum die Materialdisposition und den Reparaturservice vereinfacht.

▶Wenn Module und kleine Einheiten geschaffen werden, wird es idealerweise für den

Anwender und den Hersteller einfacher – das trifft sowohl bei Dienstleistungen als auch Produktfunktionalitäten und der Produktweiterentwicklung zu.

Impulsfragen für die Strategie «Module und kleine Einheiten bilden»:

Welche Einheiten sind Standard, welche müssen flexibel sein?

Welche Einheiten gehören technis zusammen?

WAS KANN IN KLEINE EINHEITEN ZERLEGT WERDEN?

Welche Einheiten gehören unter den Gesichtspunkten Service und Betrieb zusammen?

Können Elemente mit Verschleiss abgetrennt werden?

Können Module weiter zusammengefasst werden?

WELCHE EINHEITEN ERMÖGLICHEN EINEN VIELSEITIGEN, MULTIFUNKTIONALEN EINSATZ?

Welche Module können für andere Einsatzbereiche sinnvoll verwendet werden?

WAS WÄREN IM SINN EINES BAUKASTENPRINZIPS MÖGLICHE SEGMENTIERUNGSKRITERIEN?

Automobilbau: Einfachheit aus dem Baukasten

Durch gezielte Modulbildung Einfachheit erreichen: Im Automobilbau ist das schon lange gang und gäbe. So werden in vielen Automobilkonzernen verschiedene Kraftfahrzeuge oft auf gleichen Plattformen aufgebaut. Diese Praxis ist unter anderem bei Volkswagen, Skoda, Fiat, Ford, Volvo, Renault, Nissan, Hyundai, Kia und Porsche üblich.

Eine Plattform ist die technische Basis eines Automobils. Wesentliche Merkmale einer gemeinsamen Plattform sind das Fahrwerk und der Antrieb. In welchem Maß zwei oder mehr Autos auf gleiche Komponenten zurückgreifen, ist verschieden. Baugleiche Fahrzeuge, die häufig am selben Band gefertigt werden, unterscheiden sich nur durch Markenlogo, Kühlergrill und gegebenenfalls die Scheinwerfer. Demgegenüber verfügen Fahrzeugmodelle mit unterschiedlichen Karosserien über identische Fixationspunkte, sodass Radaufhängung, Motor, Getriebe und andere technische Komponenten flexibel nach einem Baukastenprinzip ausgetauscht werden können.

▶Die Modulbildung ist im industriellen Bereich die grundlegende Basis für eine Standardisierung, die die Fertigung einfacher macht und die Entwicklungskosten senkt.

Jeder fängt mal klein an

Einfache Handhabung, flexible Einsatzmöglichkeiten, vielseitige Funktionalität, hohe Verfügbarkeit: Die Strategie «Kleine Einheiten und Module bilden» kann Großes bewirken.

Möbelsysteme

Aus Modulen bestehende Möbelsysteme eröffnen ihren Besitzern eine große Gestaltungsfreiheit und offenbaren dank formaler Reduziertheit einen ungeahnten Funktionsreichtum. Beim Möbelhersteller USM Haller ist beispielsweise eine simpel verchromte Kugel der Ursprung der Modularität. Rohre und weitere Elemente lassen dann individuell entstehen, was sich der Nutzer vorgestellt hat.

Softwarepakete

Die Verwendung von Modulen bei Softwarepaketen ist größtenteils bereits Standard. Neben einer Basislizenz für Einsteiger werden für den Zukauf von weiteren Funktionalitäten Softwaremodule angeboten, die mit einem Lizenzschlüssel freigeschaltet und anschließend genutzt werden können. Nach dem gleichen Prinzip funktionieren auch Demolizenzen, die entweder über eine eingeschränkte Funktionalität oder eine zeitliche Begrenzung verfügen. Für den Anwender wird es somit einfacher, die Software vor dem Kauf zu testen oder schrittweise die Funktionalität auszubauen. Der Nutzer muss sich nicht mit unnötigen Funktionen auseinandersetzen, die er nicht braucht. Das Resultat: weniger Buttons, weniger benötigte Speicherkapazität, höhere Transparenz.

Dienstleistungspakete

Nicht nur für Anlagen, Maschinen und Computer werden unterschiedliche Dienstleistungspakete in Modulen angeboten. Auch ein Studium an einer Universität oder Fachhochschule ist modular aufgebaut. So können Studierende ihren Bedürfnissen gemäß wählen, welche Fachrichtung sie vertiefen wollen. Die Module sind dabei so aufeinander abgestimmt, dass das Studium in Etappen absolviert werden kann.

Ferienreisen

Urlaub à la carte: Ferienhungrige können Ihre Traumreise modular buchen. Flug, Hotel, Transfer, Inselrundfahrt – der Reisende stellt seine Reise aus jenen Bauteilen zusammen, die seinen Bedürfnissen entsprechen.

Transportmittel

Im Dienstleistungsbereich sind Transportmittel, Förder- und Zugsysteme so zusammengestellt, dass diese je nach Bedarf und Einsatz flexibel verwendet werden können.

Fertighäuser

Fertighäuser erleben einen Boom: Waren Ende der 90er-Jahre nur fünf Prozent aller Neubauten Fertighäuser, sind es inzwischen schon 20 Prozent. Fertighäuser sind industriell vorgefertigt. Sie werden in Teilen auf die Baustelle geliefert und dort zusammengebaut. Je nach Hersteller gibt es sie in verschiedenen Ausbaustufen. Grundsätzlich unterscheidet man zwischen einem schlüsselfertigen Haus, einem Ausbauhaus, bei dem der Innenausbau vom Bauherrn übernommen wird, und einem Bausatzhaus, bei dem vom Hersteller lediglich die Bauteile auf die Baustelle geliefert werden und die Montage vollumfänglich in der Hand des Bauherrn liegt.

Bildbearbeitung

Moderne Bildbearbeitungs-Apps fassen komplexe Einstellungen als Standardfunktionen zusammen. Diese können von den Anwendern ohne komplizierte Spezialeinstellungen direkt genutzt werden.

Strategie «Masse und Ausnahmen separieren»: Extrawürste separat behandeln

▶Unterteilen Sie Prozesse nach ihrer Häufigkeit und Funktionen nach ihrer Nutzung.

Bestellen Sie oft Sachen im Internet? Dann kennen Sie das bestimmt: Am Ende eines Bestellvorgangs werden Sie als Kunde – vorausgesetzt, Sie stammen aus der Schweiz – von einem Aufklappmenü absurderweise dazu genötigt, bei der Länderauswahl mühsam eine endlos lange Liste von Ländern runterzuscrollen, bis Sie nach Somalia, Sri Lanka, Saint Kitts and Nevis, Saint Lucia, Suriname und Swasiland endlich bei Switzerland landen. Und dies wohlgemerkt bei Onlineshops, die in Deutschland, Österreich oder der Schweiz beheimatet sind.

Mit der Anwendung der Strategie «Masse und Ausnahmen separieren» könnte der Bestellvorgang für die meisten Nutzer erheblich erleichtert werden. Denn natürlich würde es viel mehr Sinn machen, zuoberst auf der Länderliste jene Länder aufzuführen, aus denen die meisten Bestellungen auch tatsächlich getätigt werden. In Onlineshops aus dem deutschsprachigen Mitteleuropa sind das in der Regel nicht Afghanistan, Albanien, Algerien und Amerikanisch-Samoa, sondern Deutschland, Österreich und die Schweiz. Logisch und für die Nutzer am einfachsten wäre es deshalb, diese Ländern gesondert zuerst aufzuführen, der Rest aller Staaten dieser Welt dann erst nachher.

▶Wenn die Gestaltung von Prozessen und Hilfsmitteln bewusst nach dem Prinzip der Masse und Ausnahmen vorgenommen wird, vereinfacht sich die Anwendung für das Gros der Nutzer erheblich.

Die Strategie «Masse und Ausnahmen separieren» macht in unserem Alltag vieles einfacher. Vorbei sind die Zeiten, als Sie als Bahnreisender den Zug zu verpassen drohten, weil sich die Person vor Ihnen am Schalter eine Ewigkeit lang über Tarife und Sonderkonditionen beraten ließ. Heute sind verschiedene Schalter für verschiedene Bedürfnisse schon längst Standard. Die Masse der Kunden, die bereits wissen, was sie wollen, wird an den einen Schaltern schnell bedient. Für die Ausnahmefälle – Kunden, die eine spezifische Beratung wünschen – nimmt man sich an anderen Schaltern länger Zeit.

Durch die Strategie «Masse und Ausnahmen separieren» wird Ihnen auch der Kauf eines Fahrscheins am Fahrkastenautomaten einfacher gemacht – das ist für alle relevant, die Ihre Bahnbillette nicht online kaufen (oder dort das gesuchte Ticket nicht finden). Die häufigsten Reiseziele erscheinen auf dem Bildschirm zuerst, was die Menüführung und Bedienzeit für die meisten Reisenden (Masse) deutlich vereinfacht. Nur in Ausnahmefällen, wenn man Fahrscheine für ein seltenes Reiseziel braucht, wird man durch den Routineprozess mit sämtlichen Teilschritten geführt.

Im Supermarkt gibt es eine Expresskasse für Kunden, die nur wenige Artikel eingekauft haben. An Geldautomaten erlaubt Ihnen die Expresstaste Bargeld in der Höhe ihres zuletzt abgehobenen Betrags schnell und unkompliziert abzuheben. Starten Sie auf Ihrem Computer MS Word, dann sehen in der Menüleiste nur die wichtigsten Funktionen. Würden alle Funktionen auf einmal angezeigt, wäre gar kein Platz mehr für das Eingabefeld übrig. Auf Ihrer TV-Fernbedienung sind die Tasten, die Sie für den täglichen Gebrauch auch tatsächlich benötigen, größer als jene, von denn Sie auch nach Jahren noch nicht wissen, für was sie eigentlich da sind.

▶Die Strategie «Masse und Ausnahmen separieren» erlaubt es, sich ständig wiederholende Aufgaben oder Abläufe optimal auf die jeweilige Situation auszurichten – Zeit wird gespart und nutzlose Tätigkeiten fallen weg.

Wenn häufig Spitzen oder zeitkritische Aufgaben zu bewältigen sind, eignet sich die Strategie «Masse und Ausnahmen separieren» besonders gut. Da für die Identifikation von Masse und Ausnahmen quantitative Daten benötigt werden, wird die Strategie vorwiegend zur Vereinfachung bestehender Situationen verwendet. Wird sie für eine Neugestaltung eingesetzt, werden Annahmen hypothetisch getroffen, die man anschließend im realen Betrieb mit den echten Zahlen überprüft.

Zur Bestimmung von Masse und Ausnahmen ist das Pareto-Prinzip, oder auch die 20/80-Regel, sehr hilfreich. Es beschreibt das statistische Phänomen, dass 80 % der Ergebnisse mit 20 % des Gesamtaufwandes erreicht werden. Die verbleibenden 20 % der Ergebnisse benötigen mit 80 % die meiste Arbeit.

▶ Das Pareto-Prinzip macht transparent, dass 80 % des Umsatzes mit lediglich 20 % der Kunden erzielt werden oder dass für 80 % der Produkte nur 20 % des Aufwands nötig sind.

Impulsfragen für die Strategie «Masse und Ausnahmen separieren»:

Kann eine Masse klar beschrieben und quantifiziert werden?

Welche ist die häufigste Tätigkeit oder Funktion — was wird nur selten benötigt?

WAS SIND DIE ZEHN SELTENSTEN AUSNAHMEN AUF DEN BESTEHENDEN STANDARDPROZESS?

Welches sind die typischen langsamen und schnellen Elemente im Prozess?

Welche typischen Verhaltensmuster sind erkennbar?

Was wird in 80% der Fälle benötigt, was in 20%?

Was wird einmal am Tag, einmal in der Woche oder einmal alle paar Monate verkauft, gefertigt oder bedient?

Mieten und teilen

Die Strategie «Masse und Ausnahmen separieren» kann dazu führen, dass Unternehmen – zum Beispiel Baumärkte – Produkte auch zur Miete statt nur zum Kauf anbieten. Die Überlegung dahinter ist ganz einfach: Gewisse Werkzeuge werden regelmäßig benötigt und daher in der Regel auch gekauft. Bei anderen Geräten und Maschinen, die nur selten oder einmalig gebraucht werden, lohnt sich ein Kauf für die meisten Kunden jedoch nicht.

Handwerker, Landwirte und auch Privatpersonen benötigen gelegentlich besondere Maschinen, etwa einen großen Bohrhammer, einen Anhänger, Mähdrescher, Bagger, eine Walze für den Rasen oder einen Rüttler für den neuen Bodenbelag in der Hofeinfahrt. In solchen Fällen machen Mietservice-Stellen, wo die entsprechenden Hilfsmittel ausgeliehen werden können, die Angelegenheit einfach und bequem. Die Verfügbarkeit ist hoch und die Auswahl genauso groß wie die Zufriedenheit der Kunden.

Dass heutzutage Dinge in nicht gekannter Art und Weise geteilt werden, kann ebenfalls als Ausdruck der Strategie «Masse und Ausnahmen separieren» angesehen werden. Eine wichtige Rolle spielt hier das Internet. Dank dem digitalen Fortschritt ist es einfach geworden, selten benutze Gegenstände, vom Campingkocher bis zur Nähmaschine, bei Bedarf auszuleihen, statt damit den eigenen Keller vollzustellen. Immer mehr junge Leute wollen nicht mehr sofort ein eigenes Auto besitzen, sondern beanspruchen lieber Car-Sharing-Dienste. Die eigene Ferienwohnung kann ebenfalls warten. Lieber mietet man sich im Urlaub bei Airbnb oder anderen Online-Community-Marktplätzen weltweit bei Gleichgesinnten ein.

14:23
97%
CAR
SHARING

Einvernehmliche Trennung

Mach es für die Masse einfacher und behandle Ausnahmefälle gesondert: Mit dieser Losung können Produktkonzepte und Dienstleistungen gezielt auf Bedürfnisse ausgerichtet und effizient umgesetzt und erbracht werden.

Passkontrolle

An Flughäfen wird die Passkontrolle je nach Nationalität der Reisenden unterschiedlich abgefertigt. Der Abwicklungsprozess wird dadurch für das Gros der Reisenden einfacher.

Tankstellen

Tankstellen mit speziellen Zapfsäulen für Lkws machen das Tanken für die Masse der Pkw-Lenker einfacher. Genauso wird bei Mautstellen mit getrennten Zahlstationen für Lkws und Pkws die Abfertigung beschleunigt.

Gesundheitssystem

Im Gesundheitssystem unterscheidet man zwischen dem Hausarzt, der in den meisten Fällen zuerst konsultiert wird, und dem Spezialisten, der in Ausnahmefällen zum Zug kommt.

Carsharing

Carsharing-Unternehmen und Plattformen wie beispielsweise Mobility in der Schweiz ermöglichen Personen den Zugang zu Fahrzeugtypen, die sonst nicht oder nur sehr teuer als Mietwagen zur Verfügung stehen würden.

Produktionsstraßen

Herstellbetriebe unterscheiden schon seit Längerem zwischen sogenannten Rennerlinien – das sind automatisierte Produktionsstraßen für die Standardprodukte – und Exoten für die Montage von Kleinserien und Sonderanfertigungen.

Internetanbieter

Internetanbieter differenzieren ihre Preismodelle nicht mehr ausschließlich nach der Datenmenge, die in einem Package enthalten ist, sondern auch nach der Geschwindigkeit der Datenübertragung. Für viele User ist das eine deutlich fassbarere Richtgröße.

Sitzklassen

Fluggesellschaften konfigurieren ihre Beförderungs- oder Sitzklassen nach Masse und Ausnahme: Economy, Premium Economy, Business und First. Die Beförderungsklassen unterscheiden sich in Service- und Komfortleistungen vor, während und nach der Flugreise sowie im Preis.

Parking

Für die Masse der Pkws stehen Standardparkplätze zur Verfügung. Für Elektro-Mobile oder Kleinwagen wie Smarts gibt's Spezialparkplätze.

Callcenter

In Callcentern werden eingehenden Anrufe schon vor Gesprächsbeginn separiert: Für gängige Auskünfte muss eine bestimmte Taste gedrückt werden, für Spezialanliegen eine andere.

Alles auf einen Blick

PRINZIP RESTRUKTURIEREN

Produkte, Dienstleitungen und Prozesse werden vereinfacht, indem eine Reihenfolge geändert wird, Teilschritte oder Funktionen neu gegliedert und Prioritäten neu gestaltet werden.

Strategie «Neue Ordnung schaffen»

Elemente und Funktionen werden in ihrer Anordnung oder Prozessfolge überprüft und neu geordnet.
Eine breit einsetzbare und oft angewendete Strategie: Sie führt zu einfachen, effizienten und flexiblen Lösungen, indem Funktionen mit anderen Hilfsmitteln realisiert und Teilschritte neu geordnet werden.

Strategie «Module und kleine Einheiten»

Einheiten werden gezielt zu Modulen zusammengefasst oder in kleinere Einheiten zerlegt.
Diese Strategie eignet sich besonders gut, wenn eine Segmentierung von Technologien, Funktionen und Dienstleistungen möglich ist.

Strategie «Masse und Ausnahmen»

Prozesse werden nach ihrer Häufigkeit, Funktionen nach ihrer Nutzung unterteilt.
Mit dieser Strategie lassen sich bestehende Dinge besonders gut vereinfachen. Vor allem sich wiederholende Abläufe können bedarfsgerecht optimiert werden.

«Damit es zu Vereinfachungen kommt, braucht es Überzeugung und Durchhaltewille.»

Das Bankenwesen ist wie geschaffen dafür, einfacher zu werden. Als regional tätige Bank in der Ostschweiz hat sich die Bank Linth dieser Herausforderung gestellt. Was Einfachheit mit Kundenzufriedenheit zu tun hat und warum Einfachheit bei der Bank Linth ein Teil des Leitbilds ist, erklärt der Vorsitzende der Geschäftsleitung David Sarasin im folgenden Gespräch.

Herr Sarasin, was bedeutet Einfachheit für Sie persönlich?

Das Schöne an der Einfachheit ist: Sie hat viele Facetten! Einfachheit ist nichts Absolutes, muss ergründet und erarbeitet werden und hängt schließlich stets vom Betrachter ab. Was dem einen als einfach erscheint, ist für den anderen noch viel zu komplex oder aber dann doch allzu rudimentär. Deshalb halte ich nicht Einfachheit per se für erstrebenswert, sondern den passenden Grad an Einfachheit.

Wie definieren Sie Einfachheit aus der Sicht eines Bankers?

Einfachheit führt für mich zu Kundenzufriedenheit. Es ist der Kunde, der bestimmte Erwartungen an die Bank und an die Bankbeziehung hat. Erhält der Kunde die passende Lösung schneller und ist sie für ihn mit weniger Aufwand verbunden, als er es erwartet hat, ist er positiv überrascht. Dazu beitragen können zum Beispiel Dokumente und Verträge, die verständlich geschrieben sind, oder die Reduktion von

Formalitäten auf das Notwendige. Voraussetzung für Einfachheit und Kundenzufriedenheit im Bankgeschäft ist, dass die Bank ein klares Bild davon hat, wo ein Kunde steht und wohin er möchte.

Wie wichtig ist Einfachheit für die Bank Linth?

Einfachheit ist bei der Bank Linth Teil des Leitbilds. Wir haben den Begriff auch in unserem Claim, unserem Kundenversprechen, aufgenommen: «Bank Linth. Richtig einfach.» Wenn wir strategische Initiativen entwickeln, wollen wir, dass sie diesem Prinzip standhalten, und auch im Tagesgeschäft wollen wir konsequent danach handeln. Es ist uns bewusst geworden, dass dies ein ständiges Überprüfen und auch Hinterfragen von Abläufen im Kundenkontakt und in der Betriebsorganisation erfordert – insbesondere in einer Branche, in der in hohem Takt neue Regeln und Gesetze eingeführt werden.

Das Bankwesen, wie auch das Versicherungswesen, gilt in den Augen vieler Konsumenten als eher kompliziert. Liegt im Thema «Einfachheit» für Banken gerade deswegen eine besondere Marktchance?

Ursprünglich war das Bankgeschäft eines der einfachsten Geschäfte der Welt. Ein Geldwechsler tauschte über seinen Tisch, italienisch «banco», fremde in lokale Zahlungsmittel. Über die Jahrhunderte hinweg sind viele zusätzliche Geschäftsfelder hinzugekommen, teils mit komplizierten Begriffen und Normen. Und auch die Bedürfnisse von Kunden sind komplexer geworden. Einer der wichtigsten Erfolgsfaktoren für eine Bank ist aber unverändert geblieben: das Vertrauen ihrer Kunden. Ich bin überzeugt, dass das Vertrauen in eine Bank letztendlich davon abhängt, ob ihre Kunden verstehen, was die Bank für sie macht und weshalb.

Wie lässt sich für eine Bank die Beziehung zu den Kunden am besten vereinfachen?

Eine Bank muss dazu konsequent die Sicht des Kunden einnehmen und sich die Frage stellen: Was möchte der Kunde erreichen, und wie müssen wir eine Lösung ausgestalten, damit sie den Erwartungen des Kunden entspricht und für ihn auch verständlich ist? Jeder Vereinfachungsprozess muss mit dieser Frage beginnen und sie beantworten können. Dann erst kann es an die Umsetzung gehen. Dies sieht auf den ersten Blick nach einer ganz selbstverständlichen Vorgehensweise aus. Aber auch wir mussten lernen, diese Frage wieder als Erstes zu beantworten.

Produkte und Dienstleistungen im Bankwesen sind vielfach von Natur aus komplex. Wie kann man sie trotzdem vereinfachen? Vor welche besonderen Herausforderungen wird man dabei gestellt?

In der heutigen Wirtschaft und an den Finanzmärkten sind zahlreiche Faktoren miteinander verbunden und voneinander abhängig. Das bedeutet, dass eine Vereinfachung dort an ihre Grenzen stößt, wo es darum gehen würde, solche Wechselwirkungen einfach auszublenden. Dass die Komplexität der Welt sich auch in gewissen Bankprodukten widerspiegelt, liegt daher tatsächlich in der Natur der Sache. Nichtsdestotrotz sollten Banken nicht möglichst ausgeklügelte Lösungen entwickeln, sondern Lösungen, die überschaubar bleiben – für die Bank und für den Kunden.

Die Bank Linth hat schon zahlreiche Vereinfachungsprojekte gestartet. Welche Erfahrungen haben Sie dabei gemacht?

Damit es zu Vereinfachungen kommt, braucht es Überzeugung und Durchhaltewille. Jedes Vereinfachungsprojekt erfordert die Bereitschaft und den Willen der Mitarbeiter, gewisse Dinge anders zu tun als bisher und sich nicht mit der erstbesten Lösung zufriedenzugeben – sondern einen Betriebsablauf so lange zu hinterfragen und anzupassen, bis er wirklich einfacher geworden ist. Das haben wir nicht erreicht, wenn wir als Bank mit dem Prozess zufrieden sind, sondern wenn uns der Kunde dies bestätigt.

David Sarasin, Bank Linth
www.banklinth.ch

ERGÄNZEN

Elemente, Funktionen oder Teilschritte werden zusammengefügt oder integriert.

Das Leben ist einfach,

kompliziert

Konfuzius

aber wir
bestehen
darauf, es

zu machen.

In der Summe einfacher

Weniger ist nicht immer mehr: Auch durch gezielte Ergänzungen können Dinge vereinfacht werden.

Den Beweis, dass «Vereinfachen» nicht zwangsläufig gleichbedeutend mit «Weglassen», «Reduzieren», «Streichen», «Verzichten», «Minimieren» oder «Abbauen» ist, tragen Sie täglich mit sich herum. Sie werfen etwa alle 18 Minuten einen Blick darauf und können sich ein Leben ohne eigentlich gar nicht mehr vorstellen. Die Rede ist von Ihrem Smartphone.

Früher hieß Ihr Smartphone noch Mobiltelefon. Es trug diesen Namen, weil Sie es vorwiegend zum Telefonieren gebrauchten. Heute ist Ihr Handy nicht mehr wiederzuerkennen. Aus dem tragbaren Telefon ist ein technischer Tausendsassa geworden, der die Funktionen von Tabletcomputern, Medienabspielgeräten, Digital- und Videokameras in sich vereint.

Wie den Smartphones geht es vielen Geräten und Maschinen. Sie entwickeln sich technisch laufend weiter. Das Gleiche gilt auch für Sicherheitssysteme in Fahrzeugen oder für Softwareprogramme. Mit jedem Jahr können sie mehr – und machen dadurch vieles einfacher. Selbst Dienstleistungen sind von dieser Entwicklung nicht ausgeschlossen.

Dass eine Sache vereinfacht werden kann, indem man ihr etwas hinzufügt, klingt zuerst einmal überraschend. Sieht man genauer hin, zeigt sich, dass Produkte und Dienstleistungen durch eine geschickte Ergänzung mit zusätzlichen Funktionen und Elementen tatsächlich in vielerlei Hinsicht einfacher werden. Das zeigt sich in Form von mehr Bequemlichkeit, besserem Gelingen, höherer Qualität und einer einfacheren Handhabung. Die Kunst in der Anwendung des Prinzips «Ergänzen» liegt darin, ein Gleichgewicht von Einfachheit und sinnvollen Ergänzungen zu finden.

▶Eine tatsächliche Vereinfachung gelingt mit den Strategien des Prinzips «Ergänzen» nur dann, wenn bei der praktischen Umsetzung sichergestellt wird, dass die Anwender nicht überfordert werden und die Übersichtlichkeit nicht verloren geht.

Strategie «Dinge kombinieren»: Aus zwei mach eins

▶Zwei oder mehr Funktionen oder Elemente werden kombiniert.

Endlich ist es so weit: Der neue Film Ihrer Lieblingsschauspielerin feiert Premiere. Sie haben schon viel über den Streifen gelesen und können es kaum erwarten, ihn endlich mit eigenen Augen zu sehen. Eins steht fest: Dieses Wochenende geht's ins Kino!

Zuerst müssen allerdings noch ein paar Sachen organisiert werden. Das Allerwichtigste: Ein Babysitter muss her! Gar nicht so einfach, jetzt auf die Schnelle noch jemanden zu finden. Da kommt Ihnen eine Meldung in den Sinn, die Sie kürzlich gehört haben: Das beste Kino in Ihrer Stadt bietet neu auch einen Kinderhütedienst an. Tolle Sache, das Wochenende ist gerettet!

Sie sind eher der sportliche Typ und haben mit Filmen nicht viel am Hut? Dann werden Sie sich wohl eher über ein Fitnesscenter mit einem angeschlossenen Hort freuen. Denn selbstverständlich lässt man sich seinen Puls viel lieber von einer Cardio-Maschine in die Höhe treiben statt von quengelnden Kindern. Ob die Kids in einem Kino oder in einem Fitnesspark betreut werden, ist letztlich egal: Beides sind gute Beispiele, wie die Strategie «Dinge kombinieren» erfolgreich angewendet werden kann.

▶Die Strategie «Dinge kombinieren» ist vielseitig einsetzbar und oftmals zentraler Bestandteil von neuen Produkten oder Dienstleistungen.

Von der Strategie «Dinge kombinieren» profitieren wir fast täglich. Manchmal geschieht dies bewusst, manchmal unbewusst. Denken Sie nur an Ihren Multifunktionsdrucker zu Hause, mit dem Sie drucken, scannen und kopieren können, oder an die Eintrittskarte für eine Theaterpremiere, die Sie dazu ermächtigt, mit den öffentlichen Verkehrsmitteln gratis nach Hause zu fahren.

Müssen Sie auf einem Amt einen Ausweis, zum Beispiel einen Führerschein, beantragen, dann ist es heute eine Selbstverständlichkeit, dass Sie vor Ort ein Foto machen können, falls Sie keines dabeihaben. Früher war das anders. Da wurden Sie gezwungen, das Foto mühsam nachzuschicken oder sogar ein zweites Mal persönlich zu erscheinen. Den Weg zum Amt nahmen Sie früher vielleicht mit Ihrem Fahrrad in Angriff. Heute besitzen Sie ein E-Bike, dessen Bordcomputer Ihnen Infos zu Geschwindigkeit und Trittfrequenz übermittelt, Sie per GPS durch die Gegend navigiert und Ihnen Analysedaten zur persönlichen Fitness liefert.

Alle diese Beispiele zeigen, dass eine bestehende Lösung durch die geschickte Kombination mit weiteren Funktionen im Sinne der Einfachheit optimiert werden kann.

▶ Zwei oder mehr zuvor unabhängige Funktionen oder Elemente werden zu einer Einheit zusammengeführt. Die daraus resultierende Einfachheit ist sehr vielfältig: Hilfsmittel sind in höherem Maß verfügbar, Zeit und Kosten werden eingespart, die Sicherheit wird erhöht.

Die Strategie «Dinge kombinieren» wird häufig bei bestehenden Produkten und Dienstleistungen angewendet. Ausschlaggebend dafür können technologische Entwicklungen im Umfeld einer bestehenden Lösung sein, welche es möglich machen, Bestehendes mit neuen Funktionen oder Lösungsansätzen zu kombinieren. So ist es heutzutage Standard, dass Mobiltelefone mit Onlinediensten oder Cloudlösungen kombiniert sind. Ihre Daten können Sie jetzt überall nutzen und müssen sie nicht mehr zuerst zentral auf einem Computer abspeichern. Selbstverständlich können auch zwei Technologien (und damit Funktionen), die sich bisher getrennt voneinander entwickelt haben, zu einer neuen Einheit kombiniert werden. In solchen Fällen kann es sein, dass für die Beteiligten zuerst ein gewisser Mehraufwand für Schulungen anfällt, bevor die Wirkung der Vereinfachung zum Tragen kommt.

Durch die Kombination von Funktionen können neue Standards gesetzt werden, die absolut sinnvoll sind und auf die keiner mehr verzichten möchte. Der Taschenrechner mit Solarzellen zur Stromversorgung ist ein solches Beispiel. Manchmal besteht jedoch die Gefahr, dass bei der Anwendung der Strategie «Dinge kombinieren» nicht die Vereinfachung im Vordergrund steht, sondern eher eine beliebige Kombination von Funktionen. Als Zielsetzung muss deshalb immer eindeutig formuliert sein, für wen was vereinfacht werden soll, damit die Kombination von Dingen nicht zu einer ungewollten Verkomplizierung der bestehenden Situation führt.

▶Richtig angewendet sorgt die Strategie «Dinge kombinieren» für wertvolle Differenzierungsmerkmale von Unternehmensleistungen. Sie eignet sich in gleichem Maße für die Vereinfachung von Produkten und Dienstleistungen.

ON
MU
RM
CM
6
2
3

Impulsfragen für die Strategie «Dinge kombinieren»:

Welche Funktionen werden für den gesamten Abwicklungsprozess zusammen benötigt?

Welche Funktionen sind zeitlich in der Kombination wichtig?

Was kann vereinfacht werden, wenn zwei bestehende Technologien kombiniert werden?

Welche neuen Standards haben sich entwickelt und wie sieht die Kombination mit bestehenden Lösungen aus

Welche bestehenden Standardlösungen können kombiniert werden?

WARUM MÜSSEN DIE FUNKTIONEN A UND B VONEINANDER GETRENNT SEIN? WIE WÜRDE EINE KOMBINATION AUSSEHEN?

Wenn wir den Organisationsaufwand reduzieren wollen, was gehört dann zu einer Einheit?

Was muss kombiniert werden, damit der Kunde möglichst wenig Aufwand für die Nutzung unserer Dienstleistung hat?

WAS KÖNNEN WIR MITEINANDER KOMBINIEREN, WENN ES DARUM GEHT, MÖGLICHST VIELE STANDARDEINHEITEN EINZUSPAREN?

Zusammenbringen, was zusammengehört

Schlau kombinieren ist nicht nur das Erfolgsgeheimnis von Sherlock Holmes. Auch Produkte und Dienstleistungen können so wirkungsvoll vereinfacht werden.

Onlinedienste mit Chatfunktion

Onlinedienste sind sehr bequem. Vor allem dann, wenn alle notwendigen Hilfsmittel sofort zur Verfügung stehen. Moderne Dienstleister kombinieren ihre Leistungen daher mit Onlinechats. So können Kunden zum Beispiel beim Ausfüllen eines Onlineformulars auf der Stelle nachfragen und müssen nicht erst eine Telefonnummer heraussuchen.

Notrufdienste

Notrufsysteme, die von verschiedenen Organisationen angeboten werden, kombinieren einen Funknotrufknopf, den ältere oder gehandicapte Menschen am Handgelenk tragen, mit dem Haustelefon, einer zusätzlichen Freisprechanlage und der Notrufzentrale des jeweiligen Notrufdiensts. Durch diese Kombination kann – egal, wo in der Wohnung jemand in Not gerät – schnell Hilfe angefordert werden. Nach dem Drücken des Notrufknopfs wird über das Telefon eine Freisprechanlage aktiviert und eine Verbindung in die Notrufzentrale aufgebaut. Die Kommunikation mit der betroffenen Person erfolgt über die Freisprechanlage. Das Alarmieren und der gesamte Folgeprozess werden mit diesem System wesentlich vereinfacht.

Einkaufswagen

Einkaufswagen sind dazu da, um Einkäufe durch Supermärkte zu schieben. Klar, aber nicht nur! Ein Einkaufswagen kann nämlich viel mehr. Durch die geschickte Kombination mit zusätzlichen Elementen lässt sich ein echter Zusatznutzen generieren: Etwa durch das Hinzufügen einer Lupe, mit der man das Kleingedruckte auf den Etiketten lesen kann. Oder wie wäre es mit einem Zettel- oder Smartphonehalter, einem Scanner zum Einscannen der Einkäufe, einer Taschenhalterung oder einem Babysitz?

Tankstellen

Tankstellen sind zum Tanken da? Das war einmal. Heute wird in Tankstellenshops längst auch ein kleines Sortiment an Haushaltsartikeln und Lebensmitteln angeboten.

Küchengeräte

Kochen ohne multifunktionale Küchengeräte? Geht schon, macht aber nur halb so viel Spaß!

Geldautomaten

An vielen Geldautomaten kann man mittlerweile mehr machen, als nur Geld abzuheben: zum Beispiel Überweisungen oder Bareinzahlungen tätigen.

Schließsysteme

Sicher und praktisch: Schließsysteme, die einen mechanischen Schlüssel mit einer elektronischen Zutrittskontrolle kombinieren.

Uhr mit Pulsmesser

Mit einer modernen Sportuhr hat man beim Joggen nicht nur die Zeit, sondern auch den eigenen Puls im Griff. Darüber hinaus können Sie auch Ihren Kalorienverbrauch, die Geschwindigkeit, die Anzahl der Schritte, die zurückgelegte Distanz und die dabei bezwungenen Höhenmeter messen.

Navigationssysteme

Heute gibt es selbstlernende Navigationssysteme. Beim Tesla zum Beispiel ist die Funktion der automatisierten Datenaktualisierung auch für andere Nutzer verwendbar. Das Navigationsgerät wird somit mit einem Expertensystem verknüpft.

Strategie «Nutzen hinzufügen»: Darf es etwas mehr sein?

▶ Eine bestehende Lösung wird um ein Element oder eine Funktion ergänzt.

Nutzen hinzufügen? Etwa einem Mobiltelefon eine Kamerafunktion oder einem Drucker eine Kopiermöglichkeit? Schon wieder? Ging es nicht bei der Strategie «Dinge kombinieren» um genau dasselbe?

Wir müssen zugeben: Ihr Einwand ist berechtigt. Was die Strategien «Dinge kombinieren» und «Nutzen hinzufügen» voneinander unterscheidet, sind tatsächlich nur Nuancen. Schnell kann es hier zu einer leichten Verwirrung kommen.

Der zentrale Unterschied ist der folgende: Mit der Strategie «Dinge kombinieren» werden zwei oder mehr selbstständig funktionierende Objekte zu einem neuen vereint. Fitnesscenter sind für sportliche Eltern ein gern gesehener Ort. Kinder hingegen toben besonders gern in Spielzimmern herum. Gibt es beides unter einem Dach, ist der Sonntag für die ganze Familie gerettet.

Ein anderes Beispiel: Ein Mobiltelefon funktioniert für sich alleine. Eine Digitalkamera ebenso. Kombiniert man die beiden Sachen, erhält man etwas Neues: ein modernes Smartphone.

Das sieht bei der Strategie «Nutzen hinzufügen» anders aus.

▶Mit der Strategie «Nutzen hinzufügen» wird ein bestehendes Objekt um Elemente oder Funktionen ergänzt, die für sich alleine keinen wesentlichen Nutzen haben. Die Hauptfunktion des ursprünglichen Produkts bleibt erhalten.

Nehmen Sie als Beispiel eine Konservendose. Eine praktische Sache, nur manchmal etwas umständlich zu öffnen. Man braucht einen Dosenöffner dazu, und einen solchen hat man nicht immer zur Hand. Mit einer Metallschlaufe am Deckel lässt sich die Dose jedoch mühelos ohne Werkzeug öffnen. Die Metallschlaufe für sich alleine bietet keinen Nutzen. Erst in Kombination mit der Dose erfüllt sie ihren Zweck. Und auch wenn die Konservendose nun bedeutend leichter zu öffnen ist, ihre Hauptfunktion bleibt die gleiche: Man braucht sie nach wie vor zur hermetisch dichten Aufbewahrung von konservierten Lebensmitteln.

Die Strategie «Nutzen hinzufügen» eignet sich sehr gut, um ins Thema «Vereinfachungen bei Produkten und Dienstleistungen» einzusteigen.

▶Schon mit kleinen Maßnahmen können wirksame Veränderungen realisiert werden. Die mit dieser Strategie umgesetzten Vereinfachungen sind denn meistens auch nicht radikaler Art.

Bei der Umsetzung lassen sich sowohl Kunden als auch Lieferanten sehr gut integrieren. In Kooperation mit branchenfremden Personengruppen wird zudem der Horizont für neue Lösungen und weiteren Nutzen erweitert.

Impulsfragen für die Strategie «Nutzen hinzufügen»:

WENN WIR DIESES ODER JENES GERÄT VERWENDEN: WAS STÖRT UNS AM MEISTEN?

Welche andere Einstellung oder Konfiguration würde die Anwendung vereinfachen?

Was müssten wir hinzufügen, um die Handhabung zu vereinfachen?

WAS BENÖTIGEN WIR SOWIESO IMMER?

WELCHE FEHLER PASSIEREN IMMER WIEDER, UND WAS KANN HINZUGEFÜGT WERDEN, DAMIT SIE NICHT MEHR AUFTRETEN?

WAS KANN HINZUGEFÜGT WERDEN, DAMIT DIE VERARBEITUNG SCHNELLER, OPTIMALER UND FEHLERFREI FUNKTIONIERT?

Mit dem gewissen Etwas

Man muss das Rad nicht neu erfinden, um etwas einfacher zu machen. Manchmal reicht eine kleine Maßnahme – das berühmte Tüpfelchen auf dem i –, um einer Sache einen Mehrwert hinzuzufügen und sie dadurch entscheidend zu vereinfachen.

Klebeband mit gerillter Seite

Um ein Klebeband sauber abzureißen, wird im Normalfall ein Hilfsmittel benötigt – eine Schere, ein Messer oder ein Handabroller. Wird dem Klebeband an der Seite jedoch eine kontinuierliche Rillenprägung hinzugefügt, kann man es bequem ohne Hilfsmittel abreißen – immer und überall. Dasselbe Prinzip findet man bei vorgestanzten Eintrittskarten, Folien und Tüten.

Schnellspannverschlüsse

Man muss nicht immer ein Werkzeug dabeihaben, um etwas zu reparieren. Mit Schnellspannverschlüssen, etwa an Fahrrädern, lassen sich schnell und einfach Montagetätigkeiten erledigen. Durch das Hinzufügen eines Schnellspanners an den Laufrädern oder der Sattelstütze wird der Schraubenschlüssel überflüssig.

Informationstafeln für Parkhäuser

Informationstafeln zeigen Parkplatzsuchenden nicht nur den Weg zum nächsten Parkhaus an, sondern geben auch über die aktuelle Parkplatzbelegung Auskunft.

Ladegerät

Ein zusätzlicher Schalter am Ladegerät sorgt dafür, dass die Spule nicht unter Spannung steht und somit einfach Strom gespart werden kann.

USB-Stick als Give-away

Einfach praktisch: Kongressteilnehmern werden die Vorträge auf einem USB-Stick mit nach Hause gegeben, auf dem auch persönliche Daten abgespeichert werden können.

Hotel

Beschriftungen und Symbole in Hotelgängen erleichtern Hotelgästen die Orientierung. Damit die Hotelgäste auch außerhalb des Hotels wissen, wo's langgeht, und ihnen die Bewegung entsprechend leichtfällt, werden ihnen Karten eines Joggingpfads rund ums Hotel (sofern ein solcher vorhanden ist) verteilt, die sie sich beim Laufen bequem umhängen können.

Austern

Austern sind eine Delikatesse – das Öffnen der Schalen ist jedoch nicht immer ganz einfach. Mit «Facile à ouvrir» wird eine Vorarbeit bezeichnet, die es möglich macht, Austern ohne Anstrengung zu öffnen. Für diesen Zweck wird ein Loch sorgfältig in die Schale gebohrt oder gelasert und mit heißem Wachs wieder verschlossen. An dieser Stelle lässt sich dann das Austernmesser mühelos einstechen und die Schale einfach öffnen.

Kreditkarten

Ein Foto auf der Kreditkarte macht das Identifizieren des Karteninhabers einfacher.

Snacks

Wer isst nicht ab und zu gern ein paar Snacks? Große gemischte Snacktüten sind entsprechend beliebt. Noch praktischer ist es jedoch, wenn die einzelnen Snacks in getrennte Schalen verpackt werden und von den Konsumenten vor dem Naschen nach Lust und Laune selber zusammengemischt werden können.

Strategie «Dinge verstecken»: Sehen und (nicht) gesehen werden

▶ Produkte werden so ergänzt, dass nur noch die wichtigsten Funktionen direkt verfügbar und die anderen nur noch bei Bedarf sichtbar sind.

Eine Klimaanlage ist eine tolle Sache. Vorausgesetzt, man kommt nicht bereits bei der Bedienung der Anlage ins Schwitzen. Auch wenn man als Nutzer weiß, dass die Funktionsweise einer Klimaanlage kompliziert ist und es für die Erzeugung eines guten Raumklimas ein ausgeklügeltes Zusammenspiel von unterschiedlichen Bauteilkomponenten wie Kompressoren, Kondensatoren, Filtern und Ventilen braucht: Der Klimaanlage selber will man das nicht ansehen. Man erwartet zwar, dass eine Klimaanlage von der Regulation der Raumtemperatur über die Optimierung der Luftfeuchtigkeit bis zur Luftfilterung eine Vielzahl von Funktionen bietet – von einer Vielzahl von Knöpfen auf der Fernbedienung will man sich aber nicht verwirren lassen.

Moderne Klimaanlagen tragen dem Bedürfnis nach einem überschaubaren Design und einer sich selbsterklärenden Funktionsweise immer besser Rechnung. Auf den Fernbedienungen sind deswegen

FAN SPEED
ON/OFF
MODE

immer häufiger nur noch genau die Tasten sichtbar, die für den Normalbetrieb auch wirklich notwendig sind. Das macht eine intuitive Handhabung des Geräts möglich und reduziert deutlich die Fehleingaben vonseiten der Anwender.

Die einfache intuitive Bedienung eines Geräts sowie ein aufs Wesentliche reduziertes Design, das dem Nutzer keine Rätsel aufgibt und entsprechend verbirgt, was nicht wirklich wichtig ist, sind entscheidende Faktoren für den Erfolg eines Produkts. Denken Sie nur an das Klapphandy von früher. Auch bei den Smartphones von heute wird die Strategie des Versteckens erfolgreich angewandt. So wird die Tastatur auf dem Display nur dann angezeigt, wenn sie auch tatsächlich gebraucht wird. Heute gibt es für Smartphones sogar spezielle Hüllen, die nur einen bestimmten Teil des Displays sichtbar lassen. Die Zahl der Informationen, welche die Aufmerksamkeit des Handybesitzers beanspruchen, wird somit konsequent aufs Minimum reduziert. Und wenn wir schon bei Ihrem Smartphone sind: Auch die Apps, die Sie auf Ihrem Handy installiert haben, dienen letztlich dazu, bestimmte Funktionen in den Vordergrund zu stellen und andere auszublenden beziehungsweise zu verstecken.

▶Die Strategie «Dinge verstecken» stellt eine Herausforderung an die Hersteller dar. Die Schwierigkeit liegt in der richtigen Trennung von Funktionen und Elementen. Zugänglichkeit, Sichtbarkeit und Bedienbarkeit stehen quasi in Konkurrenz zum Verstecken.

Mit der Strategie «Dinge verstecken» können Produkte erfolgreich vereinfacht werden – vor allem dann, wenn Funktionen nicht weiter reduziert oder ganz weggelassen werden können. Um die Strategie mit Erfolg anzuwenden, braucht es in jedem Fall eine Gesamtschau. Denn auch wenn es Anwender in der Regel sehr schätzen, wenn sie bei der Bedienung eines Geräts nur mit den relevanten Funktionen konfrontiert werden, spielen für Fachleute oft ganz andere Anforderungen eine Rolle.

▶ Im Vorfeld ist klar zu definieren, für wen es einfacher werden soll und welche Ansprüche Priorität haben. Das Thema Design spielt dabei eine entscheidende Rolle und ist im Vereinfachungsprozess rechtzeitig mitzuberücksichtigen.

Impulsfragen für die Strategie «Dinge verstecken»:

Welche Funktionen werden am häufigsten benötigt?

Was sind absolute Spezialfunktionen?

WELCHE FUNKTIONEN UND ELEMENTE STEHEN IM MITTELPUNKT DES EINSATZES?

Welche Funktionen sind für ein Einstellen oder kalibrieren notwendig und werden nicht so oft benötigt?

Welche Funktionen und Elemente dürfen auf keinen Fall versteckt sein?

WAS SIND TYPISCHE ZUSATZFUNKTIONEN?

Was stört das Gesamtbild, das Design und den Überblick?

Welche Funktionen, Knöpfe, Anzeigen oder Regler sind unter hygienischen Gesichtspunkten besonders zu beachten, welche sind besonders empfindlich?

WAS KANN NICHT AUS DEM GLEICHEN MATERIAL HERGESTELLT WERDEN WIE DIE RESTLICHEN KOMPONENTEN?

Blindes Verständnis

Die richtige Balance zwischen sichtbaren und versteckten Elementen und Funktionen macht den Erfolg vieler Produkte aus.

RFID-Etiketten

Die RFID-Technologie, also das automatische und berührungslose Identifizieren und Lokalisieren von Objekten mittels elektromagnetischer Wellen, macht vielen die Arbeit leichter – nur nicht Langfingern. Immer häufiger werden Produktetiketten auf der Rückseite mit RFID-Sicherheitskomponenten versehen. Diese sind nicht sichtbar, erfüllen ihre Aufgabe – den Schutz des Produkts vor Diebstahl – jedoch zuverlässig. Im Vordergrund steht hier das Verstecken einer für den Kaufentscheid nicht relevanten Funktion, die für den Anbieter aber sehr wichtig ist.

Domainnamen kürzen

Lange Domainnamen mit detaillierten Produktinformationen sind für ein gutes Ranking bei Suchmaschinen wichtig. Andererseits kann man sie sich nur schlecht merken. Daher gibt es die Dienstleistung, Internetadressen zu kürzen: Domainnamen bestehen dann nur noch aus wenigen Buchstabenkombinationen. Hinter dieser kurzen Kombination versteckt sich der lange reguläre Name.

Motorraum von Automobilen

Die Motorräume bei Fahrzeugen sind in der Regel so gut abgeschottet und wichtige Aggregate so gut versteckt, dass man als ungeübter Fahrzeuglenker gar nicht erst auf die Idee kommt, irgendwo hinzulangen oder etwas zu verstellen. Einstellungen sollen von professionellen Servicetechnikern vorgenommen werden – die Gefahr von Fehleinstellungen wird somit deutlich verringert.

Softwareprogramme

Softwareprogramme sind heutzutage mittels Drop-down-Menüs so aufgebaut, dass nur die Hauptfunktionen direkt auf der Oberfläche zu sehen sind. Die Zusatzfunktionen oder Zusatzinformationen befinden sich in Untermenüs. Das erleichtert die Orientierung auch in einem komplexen Programm enorm.

Geschirrspüler

Viele Geschirrspüler haben heute außen keine sichtbaren Regler mehr. Nur noch das LED-Licht auf dem Boden verrät den Betriebszustand.

TV-Geräte und Lautsprecher

Fernseher werden mit Blenden versehen oder durch eine Senkfunktion versteckt. Lautsprecher werden als Bilder oder Wandelemente gebaut und sind nicht mehr direkt in ihrer Funktion zu erkennen.

Navigationssysteme

Navigationssysteme und andere Bedienelemente in Fahrzeugen werden erst ausgefahren, wenn sie gebraucht werden.

Steuereinheiten in Maschinen

Steuereinheiten in Maschinen (oder auch das Mobiltelefon im Auto) sind hinter einer Blende versteckt und nur mit zusätzlichen Einheiten von außen zu bedienen. Dadurch wird die Designgestaltung einfacher und nur die wirklich notwendigen Funktionen und Einheiten sind direkt sichtbar.

Wandheizung

Spiegel dienen als Wandheizung. Die Heizung als solche ist nicht mehr zu sehen.

Gartensprenger

Gartensprenger werden im Boden versenkt und nur dann ausgefahren, wenn sie gebraucht werden.

Alles auf einen Blick

PRINZIP ERGÄNZEN

Elemente, Funktionen oder Teilschritte werden zusammengefügt oder integriert.

Strategie «Dinge kombinieren»

Zwei oder mehr Funktionen oder Elemente werden kombiniert.
Diese Strategie ist vielseitig einsetzbar und oftmals zentraler Bestandteil von neuen Produkten oder Dienstleistungen. Sie sorgt für wichtige Differenzierungsmerkmale.

Strategie «Nutzen hinzufügen»

Eine bestehende Lösung wird um ein Element oder eine Funktion ergänzt.
Mit dieser Strategie können schon mit kleinen Maßnahmen wirksame Veränderungen realisiert werden.

Strategie «Dinge verstecken»

Produkte werden so ergänzt, dass nur noch die wichtigsten Funktionen direkt verfügbar und die anderen nur noch bei Bedarf sichtbar sind.
Bei dieser Strategie liegt in der richtigen Trennung von Funktionen und Elementen der Schlüssel zum Erfolg.

ERSETZEN

Etwas Bestehendes wird durch etwas Neues ausgewechselt.

Einfachheit

Resultat
der

ist das

Reife.

Friedrich von Schiller

Wie ausgewechselt

Kleine Maßnahmen, große Wirkung: Manchmal muss nur ein Detail ersetzt werden, um das Ganze spürbar einfacher zu machen.

Ihr neuer Kinderwagen ist wirklich top! Der abnehmbare Sicherheitsbügel, das integrierte Sonnen- und Regenverdeck mit Sichtfenster, die stufenlos verstellbare Rückenlehne: Hier stimmt einfach alles! Wenn bloß die Räder ein wenig größer wären. Dann wäre es kein Problem, diesen tollen Kinderwagen auch auf steinigem Terrain geradeaus zu steuern.

Es gibt Vereinfachungsstrategien, die verfolgen einen radikalen Ansatz: Dinge, die nicht (mehr) passen, werden ersatzlos gestrichen. Das Prinzip Ersetzen ist weniger fundamental.

▶Hier geht es darum, Möglichkeiten zu prüfen, wie etwas Bestehendes durch etwas Neues ersetzt werden kann, damit das Ganze vereinfacht wird.

Um auf Ihren neuen Kinderwagen zurückzukommen: Die Konstruktion des Kinderwagens muss nicht grundsätzlich neu überdacht werden, um Ihre Zufriedenheit zu steigern. Der Austausch eines einzigen Details reicht aus, um den Kinderwagen als Ganzes in seinem Gebrauch einfacher zu machen.

Strategie «Grundlegendes wegdenken»: Geht nicht gibt's nicht

▶ Elemente und Funktionen, die heute wichtig sind und als unerlässlich erscheinen, werden vorübergehend gestrichen.

Es gibt Dinge, die kann man nicht ändern: Ein Staubsauger braucht einen Beutel, Ventilatoren brauchen Rotorblätter und ein Haus braucht Stromanschlüsse.

Wirklich? Die Strategie «Grundlegendes wegdenken» ist dazu da, als unumstößlich geltende «Wahrheiten» zu hinterfragen. Dieser provokative Denkansatz kann zu sehr kreativen Vereinfachungslösungen führen. Das haben andere bereits bewiesen.

1979 ärgerte sich der englische Designer, Erfinder und Unternehmer James Dyson so sehr über seinen Staubsauger, dessen Saugkraft immer mehr abnahm, je mehr sich der Beutel mit Staub füllte, dass er sich wild entschlossen ans Reißbrett setzte. Fünf Jahre und 5.127 Prototypen später brachte er den ersten beutellosen Staubsauger auf den Markt. Auch der Ventilator ohne Rotorblätter ist längst Realität – erfunden wurde das zukunftsweisende Teil ebenfalls von James Dyson. Mittels eines Tricks wurde der windmachende Motor im Fuß des Ventilators

versenkt, was viele Vorteile hat: Die Luft flattert nicht mehr, Rotorblätter müssen nicht mehr mühsam abgestaubt werden und die Gefahr abgeschrappter Fingerkuppen ist gebannt.

Das Haus ohne Strom gibt es ebenfalls. Es steht in Brütten bei Winterthur in der Schweiz. Das energieautarke 9-Familien-Haus am Ortseingang verfügt über keinen einzigen Anschluss an ein öffentliches Stromnetz. Es kommt auch ohne Öl oder Erdgas aus. Cheminées, in denen man mit Brennholz eine wohlige Wärme erzeugen kann, sind ebenfalls Fehlanzeige. Was das Haus an Energie braucht, holt es sich allein von der Sonne. Damit das funktioniert, hat die Bauherrschaft verschiedene wegweisende Technologien angewendet. So sorgen unter anderem eine energieproduzierende Hausfassade aus Photovoltaikelementen und ein ausgeklügeltes Zusammenspiel von Kurz- und Langzeitspeichern dafür, dass den Bewohnern die Energie immer genau dann zur Verfügung steht, wenn sie benötigt wird.

Worin liegt der Unterschied zur Strategie «Dinge streichen», die zum Prinzip «Weglassen» gehört? Ganz einfach: Bei der Strategie «Dinge streichen» werden Elemente und Funktionen, die entbehrlich oder nicht mehr passend erscheinen, ersatzlos gestrichen. Bei der Strategie «Grundlegendes wegdenken» stellt man ganz bewusst zentrale Elemente eines Produkts oder einer Dienstleistung infrage. Dieses hypothetische Wegdenken – dieser Flirt mit dem Unmöglichen – ist der Ausgangspunkt für einen kreativen Prozess. Um es salopp zu formulieren: Man streicht gedanklich etwas Grundlegendes und schaut dann mal, was daraus entsteht.

Der provokative Ansatz der Strategie «Grundlegendes wegdenken» löst einen kreativen Prozess aus, der das Querdenken anregt und nicht selten visionäre Alternativen aufzeigt, die zu mehr Einfachheit führen können.

Die erfolgreiche Anwendung der Strategie «Grundlegendes wegdenken» setzt gute Kenntnisse über die zu vereinfachenden Produkte, Dienstleistungen oder Prozessschritte voraus. Kommt die Strategie einmal ins Rollen, kann sie zu einem großen Lösungsoutput führen. Die Lösungen, die mit dieser Strategie hervorgebracht werden, sind in der Regel sehr kreativ. Aber aufgepasst: Nicht jede Lösung führt direkt zur erwünschten Vereinfachung.

Impulsfragen für die Strategie «Grundlegendes wegdenken»:

Wie kann das gleiche Ziel ohne unser Hauptinstrument erreicht werden?

Wie sieht unsere Dienstleistung aus, wenn wir nicht mehr persönlich beim Kunden vor Ort sind?

Was bedeutet es für uns, wenn unser Verkaufskanal nicht mehr verfügbar ist?

Was kann alternativ zum bisherigen Prozess gemacht werden um das gleiche Resultat zu erreichen?

Kann auch ein anderes Material zum Einsatz kommen?

Wie können wir ohne unser Topprodukt den gleichen Erfolg erzielen?

Nichts ist unersetzlich

Was gestern noch zwingend nötig erschien, vermisst morgen schon keiner mehr: Die Strategie «Grundlegendes wegdenken» kann ein starker Treiber für zukunftsweisende Innovationen sein.

Lichtschranken für Roboter

Industrieroboter erleichtern die körperliche Arbeit und erhöhen die Wirtschaftlichkeit. Sie bergen aber auch Gefahren für Personen, weil sie nach dem derzeitigen Stand der Technik ihre Umwelt noch nicht wahrnehmen können. Trennende Schutzvorrichtungen wie Zäune und Schutzgitter galten deshalb bisher als Muss. Nun machen aber neue Technologien wie Lichtschranken, Lichtgitter, Lichtvorhänge und Sensoren fest installierte Schutzeinrichtungen überflüssig. Deutliche Vorteile hinsichtlich Flexibilität und Produktivität sind die Folge.

Weinbehälter

Wer sagt denn, dass Weine zwingend in Flaschen abgefüllt werden müssen? Eine luftdichte Kartonbox mit Vakuumbeutel bietet alle Voraussetzungen, um die Weinflasche zu ersetzen. Die Lagerung und Entsorgung wird für den Konsumenten einfacher und die Produktion wird kostengünstiger. Inzwischen gibt es auch Qualitätsweine, die in diesem neuen Behälter gelagert werden.

Elektrobusse ohne Ladestation

Die Busse werden laufend an den Haltestellen mit Induktion geladen. Die vielen kleinen Ladezyklen ersetzen die feste Ladestation. Die Reichweite von Elektroantrieben kann dadurch deutlich erhöht werden.

Dockingstation für Notebooks

Der Akku von Notebooks wird nicht mehr immer über einen separaten Stecker geladen. Immer häufiger werden Notebooks über Induktion auf der Dockingstation aufgeladen. Die bisherige Steckerverbindung entfällt.

Kreisverkehr

Noch vor 25 Jahren hätte man sich eine Verkehrsführung an stark befahrenen Kreuzungen ohne Ampeln nicht vorstellen können. Heute ist der Kreisverkehr bei uns gang und gäbe. Klassische Verkehrsampeln werden immer häufiger ersetzt.

Schlüsselkasten

Der Schlüsselsafe an der Wand einer Autowerkstatt oder Autovermietung macht die dauerhafte Präsenz eines Mitarbeiters bei Fahrzeugannahme oder -abholung überflüssig.

Strategie «Dimension verändern»: Größer, schneller, leichter – besser!

▶Produkte und Dienstleistungen werden durch die Veränderung einer oder mehrerer Dimensionen vereinfacht – die Dimension kann dabei physischer oder zeitlicher Natur sein.

Es gibt Produkte, die sind eigentlich richtig gut. Die Qualität ist 1A, die Verarbeitung einwandfrei, der Kundennutzen groß. Und trotzdem sind wir nicht ganz zufrieden damit. Die Tasten auf der Fernbedienung sind ein wenig zu klein, die Öffnung der Mayonnaise-Tube ist zu eng, die Räder des Kinderwagens – Sie erinnern sich – könnten größer sein. Kurz und gut: Die Bedienung vieler im Prinzip tadelloser Produkte ist nicht so einfach, wie sie sein könnte.

▶Die Strategie «Dimension verändern» eignet sich besonders

gut, um die Bedienung eines Produkts oder die Nutzung einer Dienstleistung für den Konsumenten einfacher zu machen.

Im Fokus dieser Strategie steht deshalb immer die Frage: Wie kann die Nutzung oder der Ablauf durch eine Veränderung der Dimension vereinfacht werden? Der Gebrauch eines Produkts oder einer Dienstleistung soll vom Nutzer als angenehm und logisch empfunden werden. Im Zentrum steht dabei die intuitiv richtige Anwendung – am Ende des Vereinfachungsprozesses soll immer eine höhere Kundenzufriedenheit stehen. Zusätzlich können mit dieser Strategie aber auch Risiken vermindert und Probleme schneller gelöst werden.

Die Dimension verändern bedeutet übrigens nicht zwangsläufig, dass etwas vergrößert werden soll. Auch das bewusste Verkleinern kann zur gewünschten Einfachheit führen. Das beweist Deutschlands erfolgreichster Discounter seit Jahrzehnten: So hat es Aldi in der «Kunst des Minimierens» zu wahrer Meisterschaft gebracht. So verknappten die Gründer-Brüder das Ladensortiment anfangs radikal. Gerade mal 350 Artikel fanden sich danach noch in einer Filiale. Diese bewusste Verkleinerung des Angebots entpuppte sich als (mit-)entscheidender Erfolgsfaktor. Auch heute gibt es bei Aldi nicht vier oder fünf verschiedene Apfel-, Butter-, Waschmittel- oder Ketchupsorten wie bei der klassischen Supermarkt-Konkurrenz. Meist finden sich nur eine oder zwei Varianten. Das karge Produktangebot – zu allerdings unschlagbar günstigen Preisen – macht das Einkaufen übersichtlich und einfach. Die Dimension, die verändert wird, muss nicht zwingend materieller Natur sein.

▶Auch durch die Veränderung der zeitlichen Dimension lassen sich Dinge, vor allem Dienstleistungen, vereinfachen. Die höhere zeitliche Erreichbarkeit – das Entkoppeln des Angebots von der Zeit – macht die Nutzung der Dienstleistung für den Kunden einfacher.

Als beispielhaft hierfür kann das E-Government angesehen werden, also die Vereinfachung von Prozessen zwischen behördlichen Institutionen und Bürgern durch digitale Kommunikationstechnologien. Vor allem das Internet ermöglicht neue Informations- und Interaktionswege. Der Bürger hat den Vorteil, dass Behörden und Verwaltungen durch 24-Stunden-Schalter (inklusive Terminvereinbarung durch einen Onlinekalender) quasi «rund um die Uhr» erreichbar sind. Gleichzeitig werden in den Behörden durch diese neuen technischen Möglichkeiten viele Abläufe vereinfacht und oft auch automatisiert, was Kapazitäten für andere Einsatzgebiete freisetzt.

E-government

Impulsfragen für die Strategie «Dimension verändern»:

Welcher Teil kann grösser gemacht werden?

KANN ETWAS VERKLEINERT WERDEN?

Wie kann ich die Form ändern, damit die Anwendung vereinfacht wird?

Wie kann ich das gewünschte Er-
gebnis in kürzerer Zeit erreichen?

WIE KÖNNEN WIR ES
LEICHTER MACHEN?

Was kann ich
schneller abwickeln?

Wie kann der
Konsument das
Produkt besser
lagern, öffnen, aus-
packen, reinigen?

LÄSST SICH ETWAS
ÖFTER TUN?

Eine neue Dimension von Einfachheit

Ob größer, leichter, kleiner oder schneller: Entscheidend ist, dass es am Schluss für den Nutzer einfacher ist.

Schalter

Die Schalter, die man im Aufzug, im Bus oder im Zug drücken muss, sowie die Lichtschalter in Wohnungen und Büroräumlichkeiten werden grundsätzlich immer größer – mit dem Ergebnis, dass man sie einfach besser und schneller sieht und sie von Menschen jeden Alters gut und sicher bedient werden können.

Klappfahrrad

Die Felgen eines Klappfahrrads wurden so verkleinert, dass das Fahrrad mühelos im Kofferraum verstaut werden kann.

Wecker

Bei Dingen des täglichen Gebrauchs wie zum Beispiel einem Wecker wird das Wichtige – die Ziffern, die uns die Zeit anzeigen – größer dargestellt als weniger wichtige Informationen wie das Datum oder die Temperatur. Die Zeitangabe ist somit auf dem Display besser lesbar.

Paketabholfächer

Paketabholfächer vergrößern die zeitliche Erreichbarkeit des Empfängers. Die Zustellung wird von der Zeit und einer zwingenden Anwesenheit entkoppelt.

Zeitungen und Webseiten

Wichtige Headlines und zusammenfassende Leads werden in Zeitungen größer dargestellt als weniger wichtige Fakten. Die Leserführung wird somit deutlich erleichtert. Dasselbe Prinzip findet man auf Webseiten, wo wichtige Features und Bedienungselemente prominenter dargestellt sind als Links auf eher unwichtige Inhalte.

Produktöffnungen

Tuben, Dosen und andere Behälter sind oft schwierig zu öffnen. Es braucht einiges an Kraft oder ein Hilfsmittel wie beispielsweise eine Schere, um an den Inhalt zu gelangen. Vergrößert der Hersteller den Verschluss, können die Produkte einfacher geöffnet werden. Auf diese Weise wird sowohl die Verletzungsgefahr als auch die Unzufriedenheit der Kunden reduziert.

Flaschenöffnung von Fruchtsäften

Fruchtsäfte sind in der Regel dickflüssiger als andere Getränke. Entsprechend haben sie eine größere Flaschenöffnung. Der Saft lässt sich so einfacher aus der Flasche trinken.

Kommissionierungssysteme

Im Handel setzt sich zunehmend die sprachgestützte Kommissionierung durch. Über Pick-by-Voice wird der Kommissionierauftrag schneller abgespielt als im normalen Gespräch. Geschulte Mitarbeiter können so jeden einzelnen Auftrag deutlich schneller ausführen – der Kommissionierprozess als Ganzes wird produktiver und effektiver abgewickelt.

Postsendungen

Postsendungen können während der Ferienzeit auf der Poststelle zurückbehalten werden. Das verändert die zeitliche Zustelldimension, was den Empfang von Postsendungen einfacher macht. Abholeinladungen für Briefe und Pakete entfallen.

Strategie «Konzept übertragen»: Abgucken erlaubt

▶ Welches Konzept aus einem anderen Bereich oder einer anderen Branche kann auf den eigenen Unternehmensbereich übertragen werden, um Dinge einfacher zu machen?

Kennen Sie den Nebeltrinker-Käfer? Das kleine unscheinbare Krabbeltier gehört zur Familie der Schwarzkäfer, ist etwa zwei Zentimeter groß und hat auffällig lange Beine. Diese braucht der Käfer, um den Rest seines Körpers in möglichst großem Abstand über den heißen Sand zu tragen. Der Nebeltrinker-Käfer ist nämlich in der Namib-Wüste an der Westküste Afrikas zu Hause. Das ist nicht nur eine der heißesten Regionen der Welt, sondern auch eine der trockensten.

Das Insekt überlebt die extreme Trockenheit nur, weil es durch seinen Rücken Wasser aus der Luft aufnehmen kann. Zu diesem Zweck vollführt der Nebeltrinker-Käfer allmorgendlich ein seltsames Ritual: Auf einem Dünenkamm balancierend macht der kleine Überlebenskünstler einen akrobatischen Handstand, streckt seinen Hintern in den Wind und fängt mit seinem Rücken die Aerosoltröpfchen aus dem Morgen-

nebel auf. Die besondere Struktur seines Rückenpanzers kommt ihm dabei zugute. Durch seine dreidimensionale hügelige Mikrostruktur bleiben die Nebeltropfen an dem Rücken gut haften und rollen dann, wenn sie größer geworden sind, über die Senken hinunter in den Mund des Käfers.

Nach dem Vorbild des Nebeltrinker-Käfers begannen Forscher für die Trinkwassergewinnung in trockenen Regionen ähnliche Prinzipien anzuwenden. So wurde am Rande der Atacama-Wüste zwischen Peru und Chile eine spezielle Wassergewinnungstechnik – ein dreidimensionaler Nebelfänger nach dem Vorbild des Nebeltrinker-Käfers – installiert. Mittels Nanotechnologie wurde der Rücken des Käfers nachgebaut, mit dem Wasser aus der Luft gezogen werden kann.

Dieses Vorgehen in der Wissenschaft nennt man Bionik. Bionik verbindet in interdisziplinärer Zusammenarbeit Biologie und Technik mit dem Ziel, durch Abstraktion, Übertragung und Anwendung von Erkenntnissen, die an biologischen Vorbildern gewonnen werden, technische Fragestellungen zu lösen.

Nach dem gleichen Prinzip funktioniert auch die Strategie «Konzept übertragen». Von anderen Branchen, Industrien, Märkten, Produkten und Dienstleistungen abgeleitete Funktionsprinzipien werden analysiert und gezielt in der eigenen Produkte- und Verfahrensentwicklung eingesetzt. Oder anders gesagt: Fremde Konzepte dienen als Ideenvorlage für technische Vereinfachungen und eigene Produkt- und Dienstleistungsinnovationen.

▶Bei der Strategie «Konzept übertragen» dreht sich alles um zwei zentrale Fragen: Welches

Konzept liegt hinter einer Dienstleistung, einem Produkt oder einem Prozess? Wie kann ich dieses Konzept abstrahieren und aufs eigene Business übertragen?

Im Gegensatz zur Bionik sucht man mit der Strategie «Konzept übertragen» Vorbilder nicht nur in der Natur. Auch der Bäcker um die Ecke kann eine Inspirationsquelle sein. Aus Konzepten von anderen Analogien für den eigenen Bereich abzuleiten ist ein bewährtes Erfolgsrezept, das in unserem täglichen Leben schon vieles einfacher gemacht hat. Wenn Sie zu Hause gern im Internet surfen, haben sie das selbst bereits festgestellt: Früher wurde die Nutzung des Internets – Sie erinnern sich bestimmt – noch umständlich nach Minuten verrechnet. Heute macht eine modere Internet-Flatrate das Surfen bequem und günstig. Das Konzept dahinter ist jedoch alt: Man kennt es schon längst von Skisaisonkarten, Schwimmbad-Dauerkarten, Fitness-Abos oder dem Leasing von Autos. Ihr Internetanbieter, der mit «innovativen» Tarifmodellen Ihre Gunst erobert hat, hat nichts anders getan, als die Strategie «Konzept übertragen» erfolgreich anzuwenden.

Impulsfragen für die Strategie «Konzept übertragen»:

Welche neuen Konzepte und Lösungen gab es in anderen Branchen in den letzten zwei bis fünf Jahren? Was bedeutet das für uns?

Gibt es Anregungen aus der Natur, mit denen wir kreativ unsere technischen Lösungen und Produktionsprozesse optimieren können?

KÖNNEN WIR VON DEN ERFOLGSPRIN-ZIPIEN ANDERER PROFITIEREN?

Welche Dienstleistung oder welches Produkt hat mich in den vergangenen Jahren begeistert und welches Konzept steckte dahinter?

Was ist der Kern bzw. die Abstraktion eines bestimmten Features?

Wie lösen andere Branchen dieses Problem?

Was könnte man aus anderen Industrien auf uns adaptieren?

Was macht der Gemüsehändler um die Ecke gut im Thema Kundenpflege? Was könnte man übernehmen?

Was andere können, können wir auch!

Sich von anderen inspirieren lassen ist ein bewährtes Erfolgsrezept. Die folgenden Beispiele beweisen es:

Bionik

Die wohl bekanntesten Beispiele bionischer Ideengenerierung sind der Klettverschluss und der Lotus-Effekt. Das Prinzip des Verhakens mittels Widerhaken beim Klettverschluss wurde von den Früchten des Klett-Labkrautes übernommen. Der Lotus-Effekt bezieht sich auf den unter anderem bei der Lotusblume ausgeprägten Selbstreinigungseffekt von Oberflächen. Weitere Beispiele: Die stoßdämpfende Wirkung der speziellen Fruchtschalenstruktur der Pampelmuse dient als Vorbild für die Konstruktion von Motorradhelmen. Die Art, wie sich Delfine untereinander verständigen, war für Ingenieure eine Inspirationsquelle zur Entwicklung von Modems für die kabellose Unterwasser-Kommunikation. Nanostrukturen für klebstofffreies Haften, die für Klebefolien typisch sind, wurden den Fingerkuppen des Geckos abgeschaut.

Klebstoffe

Mithilfe neuer Technologien wurden Klebstoffe entwickelt, die sowohl im Automobil- und Flugzeugbau als auch in der Bauindustrie eingesetzt werden können. Das grundlegende Konzept «Verbinden» wird in diesen Fällen nicht mehr mit den Mitteln Nieten und Schweißen gelöst, sondern mit Klebstoffen.

Reifen ohne Luft

Reifen ohne Luft, sogenannte Non-Pneumatic Tires (NPT), nehmen Fahrzeuglenkern die Angst vor einem Plattfuß und machen Ersatzräder und Reparaturkits überflüssig. Das Herzstück dieser Reifen ist eine wabenartige Struktur aus einem neuartigen, patentierten Kunststoff. Ursprünglich war vor allem das US-Militär daran interessiert, luftlose und damit nahezu unzerstörbare Reifen für den Einsatz in Krisen- und Kriegsgebieten zur Verfügung zu haben. Mittlerweile wird das Konzept auch auf Baumaschinen übertragen, was eine einfachere Bedienung mit weniger Ausfallzeiten zur Folge hat.

Yield-Management

Das Modell des Yield-Managements (eine spezielle Form der Preisdifferenzierung) aus der Hotellerie wird auf andere Bereiche übertragen, zum Beispiel auf Skilifte.

Mietservices

Mietservices gibt es heute für eine Vielzahl von Dingen: Autos, Skier, Filmausrüstungen, Boote und sogar Kühe.

Abonnements

Abonnements gibt es nicht nur für den öffentlichen Verkehr und das Theater, sondern auch für Rasierklingen, Socken, frische Eier, Kondome, Früchtekörbe, Brot und vieles mehr.

Hybride Antriebe

Hybride Antriebe werden inzwischen bei Lokomotiven, Booten und im Automobilbau eingesetzt.

Verpackung

Die Leichtbauprinzipien von Flugzeugen werden auf Bauelemente in der Verpackung übertragen.

Fahrradschläuche

Fahrradschläuche kann man – wie Zigaretten oder Süßigkeiten – aus einem Automaten vor dem Fahrradgeschäft ziehen.

GPS-Ortung

Die GPS-Ortung von Fahrzeugen wird auf Tiere übertragen, deren Wege man verfolgen möchte.

Alles auf einen Blick

PRINZIP ERSETZEN

Etwas Bestehendes wird durch etwas Neues ausgewechselt.

Strategie «Grundlegendes wegdenken»

Elemente und Funktionen, die heute wichtig sind und als unerlässlich erscheinen, werden vorübergehend gestrichen.
Der provokative Ansatz dieser Strategie löst einen kreativen Prozess aus, der das Querdenken anregt und nicht selten visionäre Alternativen aufzeigt, die zu mehr Einfachheit führen können.

Strategie «Dimension verändern»

Produkte und Dienstleistungen werden durch die Veränderung einer oder mehrerer Dimensionen vereinfacht.
Diese Strategie eignet sich besonders gut, um die Bedienung eines Produkts oder die Nutzung einer Dienstleistung für den Konsumenten einfacher zu machen.

Strategie «Konzept übertragen»

Konzepte aus einem anderen Bereich oder einer anderen Branche werden auf den eigenen Unternehmensbereich übertragen.
Bei dieser Strategie werden mit abstrahierten Konzepten von anderen die eigenen Produkte und Dienstleistungen vereinfacht.

WAHRNEHMEN

Die gefühlte Einfachheit wird erhöht, indem für Ablenkung und Unterhaltung gesorgt oder Bekanntes verwendet wird.

Less

more.

is

Mies van der Rohe

Einfach ein gutes Gefühl

Einfachheit hat viel mit Wahrnehmung zu tun. Mit geeigneten Strategien kann die gefühlte Einfachheit wirkungsvoll gesteigert werden.

Stellen Sie sich vor, Sie hängen in der Warteschleife einer Kundenhotline. Das kann eine qualvolle Erfahrung sein. Wenn Sie etwa eine quäkende Computerstimme unablässig «um etwas Geduld» bittet, obwohl Ihr Geduldsfaden schon längst gerissen ist. Oder wenn eine verträumte Panflöte den Fahrstuhlklassiker «Girl from Ipanema» zu intonieren beginnt.

Die Zeit kann aber auch vergehen wie im Flug. Dann nämlich, wenn die Warteschleife als professionell produzierte akustische Visitenkarte eines Unternehmens daher kommt, die den Kunden mit originellen Ideen, wertvollen Infos und passender Musik von der lästigen Warterei ablenkt und darüber hinaus sogar noch einen stimmigen Beitrag zum Markenbranding leistet. So animiert der Landessportbund Hessen die Anrufer in einer gut gelaunten Warteschleife zu einer kleinen sportlichen Trainingseinheit mit Telefonhörer und Bürostuhl – ein sympathischer und witziger Gesprächseinstieg, der perfekt zu den Kernkompetenzen des Dachverbands der hessischen Sportvereine passt.

Je nachdem in was für eine Warteschleife Sie geraten, werden Sie den Anruf bei einer Kundenhotline als nervtötend kompliziert oder angenehm einfach in Erinnerung behalten. Das wird auch dann der Fall sein, wenn die tatsächlichen Wartezeiten sich nicht voneinander unterscheiden. Denn, Sie erinnern sich, für Einfachheit gibt es keine objektive Maßeinheit. Einfachheit ist immer eine Bewertung durch eine Person oder eine Gruppe, die stets auf einer persönlichen Erfahrung basiert und aus einer eigenen Perspektive heraus vorgenommen wird.

Oder auf den Punkt gebracht: Ein Sache ist dann einfach, wenn Sie vom Kunden oder Anwender als einfach wahrgenommen wird. Dabei kann es sich auch nur um eine gefühlte Einfachheit handeln.

▶Auch komplizierte Prozesse können vom Nutzer als einfach wahrgenommen werden – wenn es etwa schnell geht oder weil ihm gewisse Aspekte bekannt vorkommen.

Im Folgenden stellen wir Ihnen unter dem Prinzip «Wahrnehmen» zwei Strategien vor, die sehr unterschiedlich sind. Bei der ersten Strategie wird die Zeit bzw. die gefühlte Zeit betrachtet: Wie kann die Zeit verkürzt werden oder was kann man tun, damit die gefühlte Zeit kürzer ist? Bei der zweiten Strategie versucht man, an Bekanntes anzuknüpfen, um dem Betrachter einen Referenzpunkt zu geben.

Strategie «Zeit gefühlt verkürzen»: Auf die (scheinbar) schnelle Tour

▶Prozesse werden zeitlich gefühlt verkürzt, indem der Nutzer beschäftigt und abgelenkt wird.

Sind wir ehrlich: Es gibt nichts Langweiligeres, als an der Kasse in einer langen Schlange zu stehen, am Telefon zu hören, dass noch vier andere Anrufer in der Warteschlaufe sind, oder dem alten Rechner beim langwierigen Starten zuzusehen. Warten will heute niemand mehr. Wir leben nach dem Motto: Ich will es hier und jetzt!

Vor diesem Hintergrund entfacht die Strategie «Zeit gefühlt verkürzen» ihre Wirkung.

▶Wenn etwas kurz dauert – oder kürzer als erwartet – wird es automatisch als einfach wahrgenommen.

Bei der erfolgreichen Anwendung der Strategie «Zeit gefühlt verkürzen» spielen psychologische Aspekte auf Nutzerseite eine wichtige Rolle. Das sieht man bei der Status-Anzeige (Fortschrittsbalken) bei Download- und anderen Computerprogrammen, die anzeigt, wie weit ein Ladevorgang schon fortgeschritten ist. Zeitangaben, Prozentzahlen oder rein optische Darstellungen (etwa ein Kreis, der sich langsam füllt) geben dem Anwender die Möglichkeit abzuschätzen, wie lange eine Installation voraussichtlich noch dauert. Das verkürzt die Wartezeit zwar nicht, macht den Ladevorgang für den Nutzer aber trotzdem gefühlt einfacher.

Selbst wenn nicht bekannt ist, wie lange bis zur Komplettierung einer Aktion noch gewartet werden muss, macht der Einsatz von sich bewegenden grafischen Elementen Sinn. In solchen Fällen spricht man von einem Throbber. Weit verbreitet ist etwa das sogenannte Spinning Wheel, ein sich drehendes Rad, das bei den Browsern Safari, Opera und Modzilla Firefox oft zur Anwendung kommt. Auch die Animation einer vor sich hin dampfenden Kaffeetasse erfüllt den gleichen Zweck. Zwar geben solche grafischen Animationen dem Nutzer kein Indiz dafür, wie lange er noch warten muss – geschweige denn verkürzen sie die Wartezeit tatsächlich. Sie machen aber deutlich, dass der Computer aktiv weiterarbeitet und nicht hängen geblieben ist. Der Anwender bekommt dadurch das Gefühl einer gewissen Kontrolle, die Installation erscheint ihm insgesamt einfacher.

Das gleiche Phänomen lässt sich an einer Bushaltestelle beobachten. Wenn man auf einen Bus wartet und keine Ahnung hat, wann dieser kommt, dann kann einem die Warterei wie eine Ewigkeit vorkommen, selbst wenn sie nur ein paar Minuten dauert. Anzeigetafeln, die darüber informieren, wann genau der nächste Bus kommt, machen das Warten erträglicher.

Ob Computernutzer oder Buspassagier: Es ist nicht nur die gefühlt kürzere Zeit, die etwas einfacher macht, sondern auch das Gefühl der Sicherheit. Aus diesem Grund sind auch automatisierte Bestätigungsmails bei Onlineshops längst Standard. Die schnelle Rückmeldung in einem für den Nutzer im Prinzip nicht mehr kontrollierbaren Prozess wird ganz allgemein immer wichtiger. Ist die Mail angekommen? Ist die Bestellung eingegangen? Wurde die WhatsApp-Nachricht gelesen? Der technische Fortschritt eröffnet zwar immer mehr kommunikative Wege – die Unsicherheit bei den Nutzern wird dadurch aber nicht kleiner. Schlechte Erfahrungen, ein fehlender technischer Durchblick und ein großer Qualitätsanspruch an den Prozess verstärken die Unsicherheit. Durch die schnelle Quittierung fühlt sich der Anwender sicherer. Er muss nicht nachfassen und hat keinen entsprechenden Mehraufwand – der technische Prozess kommt ihm einfacher vor.

▶Die Strategie «Zeit gefühlt verkürzen» wird heute schon oft eingesetzt. Es gibt jedoch immer noch sehr viel Potenzial für diese Strategie – gerade in Verwaltungen, kleinen und mittleren Unternehmen und internen Prozessen.

Linie | Ziel
Abfahrt
6 Matthof
7 Biregghof 1'
22 Luzern Bahnhof 3'
14 Horw Zentrum 4'
1 Kriens-Obernau 4'
8 Hirtenhof 5'
73 Luzern Bahnhof 5'
7 Biregghof 9'
Schwanenplatz
buchwalder linder

Impulsfragen für die Strategie «Zeit verkürzen»:

Wie und wo könnte die Zeit für den Kunden verkürzt werden?

Kann der Fortschritt eines Prozesses grafisch, akustisch oder haptisch angezeigt werden?

Welche Informationen, die für den Kunden interessant sind, könnten ihm zur Überbrückung der Wartezeit gegeben werden?

Wie könnte die gefühlte Wartezeit bis zur Leistungserbringung verkürzt werden?

Kann der Kunde in der Wartezeit sinnvoll beschäftigt werden?

Können weitere Schritte schon während der Wartezeit erledigt werden?

Wie kann der Kunde abgelenkt werden?

KÖNNEN KUNDEN IN DIE LEISTUNGSERBINGUNG MITEINBEZOGEN WERDEN?

Let me entertain you

Vereinfachungsprozesse gehorchen manchmal den gleichen Regeln wie das Showbiz. Wie man durch gekonnte Ablenkung und Unterhaltung die Zeit gefühlt verkürzen kann, zeigen die folgenden Beispiele.

Öffentliche Verkehrsmittel

Bildschirme, auf denen Nachrichten und Werbefilme eingespielt werden, verkürzen in öffentlichen Verkehrsmitteln die gefühlte Fahrzeit.

Vergnügungsparks

Um die gefühlte Zeit in der Warteschlage vor Vergnügungsparks zu verkürzen, werden die Besucher unterhalten und beschäftigt. Sprechende Stofftiere, die durch die Reihen gehen, Monitore mit Actionbildern einer Bahn, Verpflegungsstände und Informationstafeln mit Hinweisen verkürzen die gefühlte Wartezeit und entspannen die Besucher.

Kinos

Auf eine Pause will heute kaum ein Kino mehr verzichten – schließlich will man den Besuchern die Gelegenheit nicht vorenthalten, am Verpflegungsstand zusätzliches Geld auszugeben. Nicht jedem Cineasten gefällt die Unterbrechung des Films. In der Schweiz verkürzen eine auf der Leinwand zu sehende Countdown-Uhr, unterhaltsame Quizfragen und eingeblendeter Klatsch und Tratsch aus der glitzernden Welt der Stars und Sternchen die Zeit bis zum Wiederbeginn des Films.

Callcenter

Die passende Musik, interessante Informationen und originelle Beiträge in der Warteschleife eines Callcenters machen den Anrufer etwas geduldiger.

Wartezimmer

Zum Arzt geht keiner gern. Zeitungen und Magazine im Wartezimmer lenken von der bevorstehenden Behandlung ab und verkürzen die gefühlte Wartezeit.

Schalter

Informationstafeln an Post-, Bank-, und Bahnschaltern lenken ab und machen die Wartezeit gefühlt kürzer.

Shopping

Kinderhütedienste verkürzen die gefühlte Zeit bei Kindern, während die Eltern einkaufen. Ebenso machen auf Fähren und längeren Bootsfahrten Spielzimmer das Reisen für Kinder angenehmer.

Strategie «Bekanntes übernehmen»: Déjà-vu!

▶ Produkte, Dienstleistungen und Prozesse werden vereinfacht, indem Bekanntes als Vorbild genommen und an Bestehendes angeknüpft wird.

Was haben Burger King, Fielmann und die Papeterie Waldis gemeinsam? Sie können so lange überlegen, wie Sie wollen, die Antwort lautet: auf den ersten Blick nichts. Wie sieht es aber bei McDonald's, McOptik und McPaperLand aus? Auch wenn es sich hier ebenfalls um eine Fast-Food-, eine Brillen- und eine Schreibwaren-Kette handelt, ist die Antwort sofort klar: Alle drei Geschäfte zeichnen sich durch ein preisgünstiges Sortiment aus.

Das Beispiel zeigt, wie gut die Strategie «Bekanntes übernehmen» bei der Namensgebung angewendet werden kann, um die Ausrichtung eines Unternehmens deutlich zu machen. Ein «Mc» oder «Mac» vor dem Namen steht meistens für «günstig»; ein «24» nach dem Namen deutet auf lange Öffnungszeiten oder einen Onlineshop hin. Nach dem weltweiten Siegeszug von iMac, iPhone und iPad werden Produkte mit so-

24/7

genannten «iNamen» als innovativ, modern und einfach in der Handhabung empfunden. Mit Folgen: Von 2000 bis 2010 wurden fast 110.000 Marken mit dem Anfangsbuchstaben «i» angemeldet. Vor allem in der New Economy lassen sich immer wieder neue Namenstrends feststellen, ist es für Start-ups doch besonders wichtig, als «auf der Höhe der Zeit» wahrgenommen zu werden. Mal sind Namen mit einem doppelten «o» in Mode (Yahoo, Google, Doodle, Squidoo), dann sind Wortkombinationen mit einem Großbuchstaben mitten im Namen der letzte Schrei (YouTube, LinkedIn, WordPress, BuzzFeed), dann wiederum ist es total in, einzelne Vokale im Namen wegzulassen (Flikr, Tumbrl, Grindr). Der neuste Trend? Ganz gewöhnliche Personennamen wie Alfred, Oscar, Benny oder Clara. Die Firmen sollen als Freunde wahrgenommen werden, was auch in den entsprechenden Internetdomains wie HelloAlfred.com oder HiBenny.com zum Ausdruck kommt.

Nicht nur bei der Namensfindung wird die Strategie «Bekanntes übernehmen» oft erfolgreich angewendet, sondern auch bei der Implementierung von Preismodellen. Im Flugverkehr wird es mittlerweile allgemein akzeptiert, dass kaum jemand den gleichen Preis zahlt wie der Sitznachbar. Die Fluggesellschaften versuchen mit einem nachfrageorientierten System – dem Yield-Management – die Ticketpreise zu optimieren. Diese Form der Preisdifferenzierung wird auch in der Hotellerie angewendet. Oder von Betreibern von Skiliften: Bis vor einigen Jahren kostete ein Skipass in den meisten Skigebieten am Montag genauso viel wie am Sonntag. Inzwischen ist man dazu übergegangen, unterschiedliche Preise für unterschiedliche Zeitfenster zu verlangen. Wenn Sie oft ins Kino gehen, kommt Ihnen diese Preisgestaltung ebenfalls bekannt vor: Denn viele Kinos bieten reduzierte Preise für Nachmittags- oder Abendvorstellungen unter der Woche an. Am Wochenende sind die Preise dann am höchsten.

Ob Namensfindung oder Preisdifferenzierung: Der Mechanismus hinter der Strategie «Bekanntes übernehmen» ist der gleiche:

▶Alles, was ein Mensch sieht, erlebt und aufnimmt, versucht er etwas Bekanntem zuzuordnen. Wer mit Bekanntem arbeitet, hilft dem Anwender, es als einfacher wahrzunehmen. An Neues oder Unbekanntes müssen wir uns hingegen erst gewöhnen, was meistens mit einer Umstellung und einem gewissen Aufwand verbunden ist.

Die Strategie «Bekanntes übernehmen» wird heute oft angewendet – häufig jedoch unbewusst. Wenn die Strategie noch bewusster und gezielter eingesetzt wird, besitzt sie ein großes Potenzial für Vereinfachungen.

Impulsfragen für die Strategie «Bekanntes übernehmen»:

Welche Standards oder Quasi-Standards können übernommen werden?

Was kennt der Kunde bereits? Kann dies für ein Produkt, eine Dienstleistung, eine Visualisierung oder einen Prozess eingesetzt werden?

gibt es Preismodelle aus anderen Bereichen, die bekannt sind und die man übernehmen kann?

Welches Symbol steht für eine Branche, für ein Produkt oder eine Dienstleistung? Könnte man sich daran orientieren?

WAS KANN MAN AUS EINEM ANDEREN BEREICH KOPIEREN, DAS ALLGEMEIN BEKANNT IST?

WAS KLINGT ÄHNLICH WIE …? WAS SIEHT ÄHNLICH AUS WIE …?

Alles schon mal gesehen

Was vertraut ist, ist für den Nutzer einfach. Diese Erkenntnis kann auch für neue Produkte und Dienstleistungen wertvoll sein.

Bedienungssymbole

Die Symbole für Play, Fast Forward, Pause und On/Off sind heute allgegenwärtig. Diese Symbole werden nicht mehr nur für Musikabspielgeräte verwendet. Man findet sie auch bei Küchengeräten, Softwareprodukten und als Bestandteil von Unternehmenslogos. Über die Zeit wurden diese Symbole zu einem Standard, den jeder kennt.

USB-Stecker

USB-Stecker haben sich als Standard für Peripheriegeräte durchgesetzt. Das macht es für die Hersteller und die Nutzer erheblich einfacher.

Verkehrssignale

Verkehrssignale haben sich international durchgesetzt und sehen in weiten Teilen der Welt sehr ähnlich aus. Das macht das Autofahren im Ausland einfacher und sicherer.

Papierformate

DIN A4 ist der Papierstandard in Europa. In den USA und in Asien sind andere Formate gebräuchlich.

Software

Wenn man die Grundstruktur eines Softwareherstellers kennt, ist eine andere Software vom selben Hersteller meist gleich oder ähnlich aufgebaut. Die neue Software kann ohne große zusätzliche Kenntnisse leicht bedient werden.

Internationale Normen

Internationale Normen für Werkzeuge, Sicherheitsvorschriften, Schnittstellen, elektronische Bauteile, Küchen, Mobilfunknetze und vieles mehr machen den globalen Handel einfacher als früher.

Warnsignal

Die Farbe Rot wird generell als Warnfarbe eingesetzt.

WordPress

Ob Inhalte auf einer Webseite verwaltet werden oder ein Webblog aufgebaut und gepflegt wird: Das Basissystem bei WordPress ist immer gleich aufgebaut und stellt einen neuen Standard dar.

Schnittmuster

Setzen Sie sich ab und zu an die Nähmaschine? Dann freut es Sie bestimmt, dass Schnittmuster immer gleich aufgebaut sind.

Hotelketten

In Hotelketten wie der Low-Budget-Hotelkette Motel One sind die Abläufe in allen Hotels immer gleich. War man in einem Hotel zu Gast, kennt man sich auch in allen anderen Hotels aus.

Programmierschnittstellen

Dank standardisierten Schnittstellen zur Anwendungsprogrammierung, kurz APIs genannt, können Programmteile eines Softwaresystems anderen Programmen zur Anbindung an das System zur Verfügung gestellt werden. Nutzer von Facebook oder Twitter können sich somit direkt in andere Softwarelösungen einloggen. Es ist nur noch ein Passwort für verschiedene Systeme nötig.

Alles auf einen Blick

PRINZIP WAHRNEHMEN

Die gefühlte Einfachheit wird erhöht, indem für Ablenkung und Unterhaltung gesorgt oder Bekanntes verwendet wird.

Strategie «Zeit verkürzen»

Prozesse werden zeitlich gefühlt verkürzt, indem der Nutzer beschäftigt und abgelenkt wird.
Diese Strategie kann in Verwaltungen, kleinen und mittleren Unternehmen und internen Prozessen besonders erfolgreich angewendet werden.

Strategie «Bekanntes übernehmen»

Produkte, Dienstleistungen und Prozesse werden vereinfacht, indem Bekanntes als Vorbild genommen und an Bestehendes angeknüpft wird.
Wird die Strategie bewusst und gezielt eingesetzt, besitzt sie ein großes Potenzial für Vereinfachungen.

«Einfachheit ist einer der wichtigsten Treiber für Innovation»

Die Deutsche Telekom will das führende Telekommunikationsunternehmen Europas sein. Was diese Vision mit Einfachheit zu tun hat, wie man mit Einfachheit die DNA eines Unternehmens verändert und wie man erfolgreich Führungskräfte für das Thema sensibilisiert, erklärt Reza Moussavian, Senior Vice President HR Digital and Innovation, im folgenden Gespräch.

Herr Moussavian, was bedeutet Einfachheit für Sie persönlich?

Einfachheit ist für mich Leidenschaft und Vision. Das Bild einer digitalen Welt, die für den Nutzer ein Erlebnis schafft: einfach, intuitiv, verständlich, gelegentlich schnell. Dahinter steht die Leidenschaft, dieser «Vision der Einfachheit» Taten folgen zu lassen: Die Organisationskultur der Telekom zu verändern, Führungskräfte von der Konvention «Komplexität schafft Macht und Anerkennung» zu entmystifizieren, Einfachheitsstrategien und -techniken anwendungsorientiert in die Organisation zu bringen, Grundsätze der Einfachheit in der Organisation zu verankern und letztlich den Wert von Einfachheit zu messen – seien es Durchlaufzeiten, Zufriedenheitskennzahlen, Wertbeiträge.

Welchen Stellenwert hat Einfachheit in der Strategie der Deutschen Telekom?

Die Deutsche Telekom hat die Vision «Leading European Telco» – wir wollen das führende Telekommunikationsunternehmen Europas sein. Das beste Kundenerlebnis, der Kernbestandteil unserer Strategie, bedingt Einfachheit. Einfachheit ist folgerichtig einer unserer drei zentralen Markenwerte. Sie ist verankert in unseren Unternehmenswerten und einer der wichtigsten Treiber unserer digitalen Innovationen. Ein sehr «einfaches» Beispiel, das den Stellenwert der Einfachheit in unserer Strategie zeigt: In Deutschland haben wir eine unverkennbare Markenwahrnehmung: Es ist die Farbe Magenta. Eigentlich bräuchten wir heute gar keinen Namen mehr und auch kein Logo. Natürlich haben wir das alles. Aber unsere Kunden, unsere Partner und Wettbewerber erkennen uns allein an der Farbe – wenn das nicht einfach ist!

Gerade in der Kommunikation wird der Aspekt der Einfachheit für viele Anwender immer wichtiger. Wie geht die Deutsche Telekom mit dieser Herausforderung um?

Einfachheit ist der Taktgeber unserer Markenstrategie und -kommunikation. Wir haben in den letzten Jahren massive Anstrengungen im Kundenservice getätigt, um dort für unsere Kunden einfacher zu werden: Eine zentrale Telefonnummer, eine Kundencenter-App, durch Design Thinking vereinfachte nutzerzentrische Kundenprozesse sind Ausdruck dieser Bemühungen. Alle diese Vereinfachungen für den Kunden sind letztlich das Ergebnis der Organisation dahinter. Deshalb liegt hier ein wichtiger Fokus von uns: Es geht darum, die Kultur, die DNA des Unternehmens zu verändern. Das beginnt mit einer einfachen Kommunikation.

Einfache Produkte sind das eine, einfache interne Prozesse das andere. Ein Großunternehmen wie die Deutsche Telekom und Einfachheit – geht das überhaupt zusammen?

Einfache Produkte bedeuten nicht zwangsläufig, dass die dahinterliegende Organisation und Prozesswelt ebenfalls einfach ist. Ein «einfach» zu bedienendes Produkt wie ein iPhone weist eine ungeheuer komplexe Apple-Organisation aus. Die zentrale Frage ist deshalb immer: Für wen soll es einfacher werden? Einfachheit für den Kunden und Einfachheit der Organisation gehen dabei nicht immer Hand in Hand. Wir streben beides an, wobei die Einfachheit für den Kunden Priorität hat.

Wo liegen die besonderen Schwierigkeiten, wenn es darum geht, in einem Großunternehmen ein gemeinsames Mindset für Einfachheit zu entwickeln?

Ein Großunternehmen muss Werte und Prinzipien unabhängig von handelnden Akteuren verinnerlichen. Das macht eine Kultur aus. Wichtig ist, dass Veränderungen vom Topmanagement nicht nur initiiert, sondern auch vorgelebt werden. Neben Führung ist Verankerung wichtig. Im täglichen Arbeitsleben muss Einfachheit als neuer Wert erlebbar sein: in Projekten, in der Personalentwicklung, in der internen und externen Kommunikation. Sonst entsteht keine Glaubwürdigkeit und ohne diese auch keine Akzeptanz.

Einfachheit ist nicht zuletzt eine Führungsaufgabe. Wie sensibilisiert man Führungskräfte für das Thema Einfachheit?

Das ist eine besondere und besonders «uneinfache» Aufgabe: Führungskräfte definieren sich in konventionellen Denkmustern über Komplexität: Je komplexer der eigene Wirkungsbereich, desto machtvoller die Position der Führungskraft. Wir müssen solche Denkmuster und Verhaltensformen durchbrechen. Gleichzeitig müssen wir zeigen, wie Führungskräfte durch Einfachheit noch mehr bewegen, gestalten und umsetzen können. Dabei glauben wir stark an eine Sogwirkung: Wir unterstützen die sogenannte «Koalition der Willigen» – jene Fachkräfte, die den Mut aufbringen, mit Einfachheit neue Ufer zu betreten. Wir zeigen gemeinsame Erfolge und ermuntern damit andere, diesen Beispielen zu folgen. So entsteht eine Bewegung: aus der Mitte, von oben, von unten. Denn bei unseren Mitarbeitern ist Einfachheit ein großes Thema, sodass auch aus den Graswurzeln der Druck nach oben erfolgt.

Sie persönlich als Konsument und Anwender: Wann haben Sie sich zum letzten Mal über eine unnötig komplizierte Sache geärgert?

Ich bin derzeit als Bauherr tätig und ärgere mich tagtäglich über komplizierte behördliche Prozesse und Anordnungen, über nicht nachvollziehbare Komplexitäten und dadurch verursachte Zeitverluste und Wertvernichtung.

Und wann dachten Sie zuletzt: Das ging jetzt aber einfach!
Das denke ich mir bei jedem Telefonat und jeder Nutzung von Datendiensten über das Netz der Deutschen Telekom.

Reza Moussavian, Deutsche Telekom
www.telekom.de

Einfach, damit es nochmals gesagt ist

▶Einfachheit ist immer eine Bewertung durch eine Person oder eine Gruppe. Eine solche Wertung basiert stets auf einer persönlichen Erfahrung und bestehendem Wissen. Sie wird immer aus einer subjektiven Perspektive heraus vorgenommen.

▶Einfachheit birgt ein großes Potenzial an Kundenzufriedenheit und wirtschaftlichem Erfolg in sich.

▶ Einfachheit zu erreichen kann schwierig sein. Es müssen Zeit und Geld investiert werden.

▶ Einfachheit heißt nicht nur Dinge wegnehmen oder reduzieren. Auch etwas hinzuzufügen kann zu Einfachheit führen.

▶ Unternehmensweite Einfachheit kann nur erreicht werden, wenn das gesamte Unternehmen hinter der Vereinfachungsstrategie steht.

▶ Die wichtigste Frage lautet: Für wen soll etwas vereinfacht werden?

▶ Eine Vereinfachung ist immer ein iterativer Prozess. Die Sicht des Anwenders spielt dabei eine tragende Rolle.

▶ Gefundene Ideen müssen genau betrachtet werden. Ist es «nur» eine neue Idee, die zwar gut ist, jedoch nichts einfacher macht? Oder ist es wirklich eine Vereinfachungsidee?

▶ Unterschiedliche Strategien können zum gleichen Ziel führen: Auf die Vereinfachungsidee, in ein Einkaufswagengestell statt des klassischen Gitterkorbs eine mitgebrachte Nylontasche einzuspannen, könnte man mit zwei Strategien kommen – zum einen mit der Strategie «Grundlegendes wegdenken» oder mit der Strategie «Konzept übertragen».

▶Oft muss im Sinne der Einfachheit auf Funktionalitäten verzichtet werden, die gut sind, etwas aber komplizierter machen. Hier ist die Frage: Gewinnt man durch die Einfachheit mehr, als durch die Abstriche verloren geht?

Die Macher des Buchs

Chris Brügger, Dr. Michael Hartschen und Jiri Scherer haben sich seit über zehn Jahren voll und ganz den Themen Simplicity, Innovation und Kreativität verschrieben. Chris und Jiri machen seit 2005 gemeinsame Sache und halten bei Denkmotor das Steuer in der Hand. Michael ist Gründer der Brain Connection GmbH.

Chris Brügger studierte Hotelmanagement an der Schweizerischen Hotelfachschule (SHL) in Luzern, absolvierte das Innovationsseminar am Edward de Bono Institut an der Universität Malta und ein Nachdiplomstudium in Qualitätsmanagement am Schweizerischen Institut für Betriebsökonomie. Er war mehrere Jahre in Managementpositionen in der Hotellerie im In- und Ausland tätig und als Berater für eine führende Hospitality Consulting Firma auf allen Kontinenten unterwegs. Chris leitet Kreativitätstrainings in Deutsch und Englisch, moderiert Innovationsworkshops und hält interaktive Referate zum Thema «Business Creativity».

Dr. Michael Hartschen ist Experte für Innovationsmanagement und Simplicity. Als Coach, Trainer und Moderator in den Bereichen Simplicity, Innovation, Technologie, Produktentwicklung und Business Development ist der Gründer der Brain Connection GmbH für Industrieunternehmen wie auch für Non-Profit-Unternehmen tätig. Seit 2001 ist Michael als Dozent an der Zürcher Hochschule für angewandte Wissenschaften und als Coach für Start-up-Unternehmen engagiert.

Jiri Scherer studierte Betriebswirtschaft und Innovation Engineering. Als Mitbegründer und Partner der Denkmotor GmbH ist Jiri spezialisiert auf die Themen Kreativität, Innovation und Simplicity. Er moderiert Innovationsworkshops, leitet Trainings in ganz Europa zu den Themen kreatives Denken und Einfachheit und ist ein inspirierender Keynote-Referent. Jiri ist Preisträger des «New Entrepreneurs in Technology and Science Awards» der Gebert Rüf Stiftung und Mitglied der German Speakers Association (GSA).

Chris, Michael und Jiri sind Autoren bzw. Koautoren von mehreren Büchern zu den Themen Simplicity, Innovation und Kreativität und haben zusammen über 120 Fachartikel veröffentlicht.

Chris Brügger Michael Hartschen Jiri Scherer

Kontakt:

BRAIN CONNECTION GmbH
Dr. Michael Hartschen
Hegnaustr. 60
CH-8602 Wangen

www.brainconnection.ch
info@brainconnection.ch

DENKMOTOR GmbH
Chris Brügger & Jiri Scherer
Militärstrasse 90
CH-8004 Zürich

www.denkmotor.com
info@denkmotor.com

Die reinste Form

ist es,

zu lassen und
zu hoffen,

Albert Einstein

des Wahnsinns
alles
beim Alten
gleichzeitig

dass sich etwas
ändert.

Literaturverzeichnis

Colborne, Giles: Simple and Usable, 2011

Covey, R. Stephen: Die 7 Wege zur Effektivität: Prinzipien für persönlichen und beruflichen Erfolg, 2005

De Bono, Edward: Simplicity, Penguin Life, London 2015

Gottlieb Duttweiler Institut: Trendradar 1.10; Eine neue Einfachheit, Rüschlikon / Zürich 2010

Hartschen, Michael; Scherer, Jiri; Brügger, Chris: Innovationsmanagement. Die 6 Phasen von der Idee zur Umsetzung, GABAL, Offenbach 2009

Helfrich, Christian: Das Prinzip Einfachheit. Reduzieren Sie die Komplexität, Expert Verlag, Renningen 2009

Maeda, John: Simplicity: Die zehn Gesetze der Einfachheit, Springer, Heidelberg 2007

Miller, Hannah; Thebault-Spieker, Jacob; Chang, Shuo; Johnson, Isaac; Terveen, Loren; Hecht, Brent: «Blissfully happy» or «ready to fight»: Varying Interpretations of Emoji, GroupLens Research, University of Minnesota, 2016

Schwarz, Barry: The Paradox of Choice: Why More Is Less, Ecco, New York 2004

Impressum

Bibliografische Information der Deutschen Nationalbibliothek
Die Deutsche Nationalbibliothek verzeichnet diese Publikation in der Deutschen Nationalbibliografie; detaillierte bibliografische Daten sind im Internet über http://dnb.d-nb.de abrufbar.

ISBN 978-3-86936-761-3

Konzept: Matthias Hofmann, Diego Stocker, Luzern
www.hofmann.to, www.textosteron.ch
Text und Lektorat: Diego Stocker, Luzern
www.textosteron.ch
Gestaltung: www.hofmann.to
Umschlaggestaltung: www.hofmann.to
Druck und Bindung: Salzland Druck, Staßfurt

Erweiterte und vollständige überarbeitete Auflage des 2011 erschienenen Buches *Simplicity. Prinzipien der Einfachheit*, ISBN 978-3-86936-245-8.

www.gabal-verlag.de
www.facebook.com/Gabalbuecher
www.twitter.com/gabalbuecher